U0014979

機縫製造！

型男專用手作包

古依立、翁羚維 / 著

飛天出版

Preface 推薦序

簡單縫紉溫暖手作 從愛好到夢想實現
興趣結合工作 創造兩人生命中的新亮點

　　喜愛縫紉手作的朋友，總會夢想擁有一間溫馨的手作店，能分享縫紉的樂趣傳遞手作的幸福！依立＋羚維＝「依維」！我想他們倆會很自然地用這樣的方式來自我介紹，曾是臺灣喜佳優秀的才藝老師，也是喜佳在推動NCC品牌之連鎖加盟店—「Simple Sewing」縫紉館第一家員工創業的成功模範店，倆人對縫紉手作與創作，同樣有著滿腔熱血，同樣是樂於分享！能合體攜手打造幸福事業，不僅僅是一種難能可貴的情緣，也是讓縫紉創作有著得天獨厚條件的加乘效果！更是學生們與讀者的最大收穫！

　　一向是積極、樂觀進取的倆人，在縫紉領域的資歷早已受到許多愛好者的肯定，多次受邀參與縫紉創作的教學示範，對依立老師和羚維老師而言，絕非僅僅是經營一家店和造就一個女人的夢想而已，更希望將縫紉的樂趣分享給每一個人，讓作品不再只是一個包包或是一件衣服，而是生活中不可或缺的幸福感！

　　縫紉手作增加了家庭的溫馨指數，讓家充滿著愛與幸福，也拉近人與人之間的距離，「依維」這次的新書提醒了許多朋友，也為男性爭取與縫紉手作的親密接觸機會，書中以機縫製作帶領著初學者一步驟一步驟的學習進入縫紉的多采世界！作品強調男性朋友各種場合使用的包款，當布料色系改變就是男女搭配款，一舉二得的作品學習，讓每個包款在使用機能上滿足需求外，還能表現使用者的個性與品味！最重要的是能表達心中的那份關懷及幸福感！

　　「依維」在新竹地區灑下的幸福種子，將在各位的支持鼓勵下遍地開出縫紉的幸福花朵！分享縫紉傳遞幸福與愛！讓我們再次為他們人生的新亮點喝采！一起學習！一起加油！

　　　　　　　　　　　　　　　　　　　臺灣喜佳股份有限公司　營業企劃處 總監

　　　　　　　　　　　　　　　　　　　David Wu 吳銘仁

Foreword 作者序

雖然不是相關科系畢業，但就憑著這股愛玩！就是喜歡！就是愛搞怪！不按牌理出牌的本性，從無師自通→照書做→進修→進入喜佳擔任才藝老師，一路走來22年光景，謝謝我親愛家人的包容、栽培我的喜佳與指導我的前輩們，也深深體會「師父領進門，修行在個人」這句話的含意，因此本著衝突性的思維造就了這本《型男專用手作包》的誕生，誠摯的邀請各位一同來分享我們的喜悅！

古依立

製包的過程是如此的喜悅，挑選布料、配色更是處處充滿驚喜，所以我熱愛縫紉。用文字和圖片來呈現手作，這和教室與學員面對面的教學方式截然不同，透過此書讓我有更完整的教學思維，受益良多。

　　衷心期望讀者們，可以從此書中得到一些不一樣的手作方式。文末，要感謝支持我的家人及支援我的好友。

翁羚維

Contents 目錄

小物包

1 迷倒男生&萬種風情

完成尺寸：男款－長36×高39×寬13／女款－長32×高35×寬11

用布量：8號帆布（白色）3尺、8號帆布（咖啡色）2尺、裡布4尺
花布3尺、皮革布（黑色）1尺、裡布4尺

其他配件：持手1組、磁釦1組、21吋夾克拉鍊1條、3.8cm織帶5尺、
35.5cm×12.5cm PE板1片、人字帶2尺

持手1組、磁釦1組、21吋夾克拉鍊1條、3.8cm織帶5尺、
32cm×11cm PE板1片、人字帶2尺

裁布－迷倒眾生（以下尺寸及紙型皆已含0.7cm縫份）

8號帆布
（白色）

F1 表袋身	50.5×40	2片（洋裁襯）
F2 表袋底	37.5×14.5	1片（洋裁襯）
F3 表貼邊	50.5×5	2片（洋裁襯）

裡布

B1 裡袋身	37.5×35.5	2片（洋裁襯）
B2 裡側身	108×14.5	1片（洋裁襯）
B3 拉鍊布	依紙型	2片（洋裁襯）
B4 內口袋	32×32	1片（洋裁襯）
B5 外口袋	依紙型	2片（洋裁襯）

8號帆布
（咖啡色）

C1 拉鍊布	依紙型	2片
C2 外口袋	依紙型	2片
C3 袋身下方裝飾布	100×4.5	1片
C4 側身裝飾布	4×40	2片
C5 袋口滾邊布	5×102	1片（斜布紋）

裁布－萬種風情（以下尺寸及紙型皆已含0.7cm縫份）

花布	F1 表袋身	44.5×36.5	2片（厚布襯）
	F2 表袋底	33.5×12.5	1片（厚布襯）
	F3 表貼邊	44.5×5.5	2片（厚布襯）
	F4 外口袋	依紙型	2片（洋裁襯）
	F5 拉鍊布	依紙型	2片（洋裁襯）
裡布	B1 裡袋身	33.5×32.5	2片（洋裁襯）
	B2 裡側身	95.5×12.5	1片（洋裁襯）
	B3 拉鍊布	依紙型	2片（洋裁襯）
	B4 外口袋	依紙型	2片（洋裁襯）
	B5 內口袋	27.5×32	1片（洋裁襯）
皮革布	C1 袋身下方裝飾布	90×4.5	1片
	C2 側身裝飾布	2.5×36.5	2片
	C3 袋口滾邊布	5×90	1片（斜布紋）

1 C2外口袋與B5外口袋正面相對車縫，下方留返口約8cm不車縫。

2 縫份修小，剩0.3cm，返口不修剪，翻回正面整燙備用。

3 同作法，完成另一片外口袋。

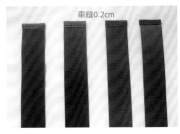

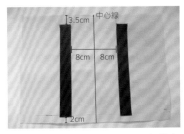

4 剪33.5cm長，共4段的織帶及3.8cm×2cm共4片皮革布備用。

5 皮革布對折，包覆織帶其中一邊，車縫0.2cm，完成4條。

6 依圖示將織帶固定F1表袋身正面，完成另一片。（女款－中心左右7cm）

7 將完成的2片表袋身正對正，車縫右側脇邊0.7cm，縫份燙開。

8 C4側身裝飾布，長邊往內折燙0.7cm備用。（女款－不需折燙，直接車縫）

9 將C4側身裝飾布固定步驟7脇邊處，左右壓線0.2cm。

10 將完成的外口袋依圖示固定脇邊處，壓線0.2cm。

11 同作法，完成另一側的裝飾布及外口袋。

12 C3袋身下方裝飾布與袋身距離2.5cm，正對正，車縫一圈。

13 縫份倒向下，壓線0.2cm。

14 與F2表袋底正對正，車縫長邊處，頭尾兩端留0.7cm不車縫。

15 下方剪牙口（C3），直角轉彎，車縫短邊處。

16 表袋身完成。

17 請參閱「部份縫1」，完成滾邊折式口袋。

18 將完成的口袋置於B1裡袋身，由下往上6.5cm，車縫口袋0.5cm。

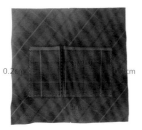

19 往上翻整燙，車縫口袋分隔線，左右壓線0.2cm，下方0.5cm固定。

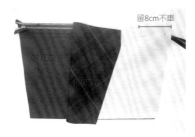

20 C1拉鍊布與B3拉鍊布，一同夾車拉鍊，尾端留8cm不車拉鍊。（女款－留6cm）

21 正面拉鍊圖。

22 整燙壓線0.2cm。

23 同作法，完成另一邊拉鍊布。

24 步驟23與步驟19正對正，布邊對齊，疏縫三邊0.3cm固定。

25 同作法，將另一片拉鍊布固定B1裡袋身。（將拉鍊拉開製作）

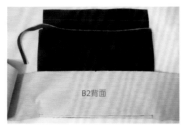

26 與B2裡側身正對正，中心相對車縫，頭尾兩端留0.7cm不車。

27 B2裡側身頭尾兩端剪牙口，直角轉彎車縫，完成另一邊。

28 同作法，車縫另一片B1裡袋身。

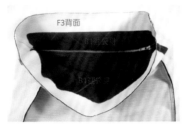

29 F3表貼邊正對正，車縫兩側0.7cm，縫份燙開，與步驟28正對正，中心相對，車縫一圈。

30 縫份倒向下，壓線0.2cm，裡袋身完成。

31 剪3cm×5.5cm皮革布1片，包覆拉鍊尾端，鉚釘固定，剪PE板置入表袋底，手縫井字固定。

32 裡袋身中心下3cm固定磁釦。

33 裡袋身套入表袋身，背對背，疏縫袋口0.3cm固定。

34 C5袋口滾邊布與步驟33正對正，車縫袋口1cm。（接合方式請參閱「部份縫14」）

35 滾邊布先折1cm，再折1cm，正面壓線0.2cm固定。

36 固定持手於織帶上方，即完成。

萬古流芳&萬紫千紅

完成尺寸：男款－長40×高30×寬11.5／女款－長45×高34×寬11.5

✂ 材料 Materials 紙型 C D 面

用布量：男款－袋身素布4尺、裡布4尺

　　　　　女款－袋身素布2尺、格子布2尺、裡布6尺

其他配件：

男款－60cm拉鍊1條、細棉繩10尺、3.8cm織帶15尺（持手100cm 2條＋外口袋滾邊條45cm 2條＋斜背帶150cm 1條）、2.5cm織帶3尺（魔鬼粘擋布30cm 1條＋筆電擋布滾邊條50cm 1條）、3.8cm日型環1個、3.8cm三角鋅環2個、圓弧鉤釦座2個、魔鬼粘5cm1條、轉鎖2組、15mm平面壓釦2組、10mm雞眼釦4組、鬆緊帶12cm2條、PE底板11.5×36cm1片、皮標1片、皮片＋造型鑄鐵1組、8×8雙面鉚釘

女款－65cm拉鍊1條、細棉繩11尺、3.8cm織帶13尺（持手110cm 2條＋外口袋滾邊條50cm 2條＋魔鬼粘擋布30cm 1條＋筆電擋布滾邊條56cm1條）、魔鬼粘5cm 1條、書包釦2組、15mm平面壓釦2組、鬆緊帶12cm2條、PE底板11.5×36cm1片、8×8雙面鉚釘

裁布－男款（以下尺寸及紙型皆已含0.7cm縫份）

素布	F1、F1-1 前／後袋身	依紙型	2片（厚布襯）
	F2、F2-1 前／後口袋	依紙型	2片（厚布襯）
	F3、F3-1 前／後口袋上側身	依紙型	左／右各2片（厚布襯）
	F4、F4-1 前／後口袋下側身	依紙型	2片（厚布襯）
	F5、F5-1 前／後口袋貼邊	43.5×5.5	2片（厚布襯）
	F6 拉鍊口布	依紙型	2片（厚布襯）
	F7、F7-1 左／右側身	依紙型	2片（厚布襯）
	F8 貼式口袋	依紙型	2片（洋裁襯）
	F9 包繩布	2.5×140	2條

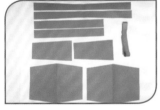

皮革布	F10 袋底	依紙型	1片（厚布襯）
	F11 持手皮片	26×4.5	2片
	F12 拉鍊擋布	4×5	2片
	F13 滾邊條	21×2	2片

裡布	B1、B1-1 前／後口袋裡布	依紙型	2片（洋裁襯）
	B2、B2-1 前／後裡袋身	依紙型	2片（洋裁襯）
	B3 拉鍊口布	依紙型	2片（洋裁襯）
	B4 側身	依紙型	1片（洋裁襯）
	B5 筆電擋布	50×46	1片（牛筋襯＋單膠棉＋洋裁襯50×23各1片）
	B6 鬆緊帶口袋	15×25	1片
	B7 一字口袋	35×35	1片（洋裁襯）

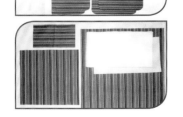

裁布－女款（以下尺寸及紙型皆已含0.7cm縫份）

素布　F1、F1-1 前／後袋身　　　　　依紙型　　　2片（厚布襯）
　　　F5、F5-1前／後口袋貼邊　　　49×7　　　2片（厚布襯）
　　　F6 拉鍊口布　　　　　　　　　依紙型　　　2片（厚布襯）
　　　F7、F7-1 左／右側身　　　　　依紙型　　　2片（厚布襯）
　　　F8 貼式口袋　　　　　　　　　依紙型　　　2片（洋裁襯）
　　　F9 包繩布　　　　　　　　　　2.5×160　　2條

格子布　F2、F2-1 前／後口袋　　　　　依紙型　　　2片（厚布襯）
　　　F3、F3-1 前／後口袋上側身　　依紙型　　　左／右各2片（厚布襯）
　　　F4、F4-1 前／後口袋下側身　　依紙型　　　2片（厚布襯）

皮革布　F10 袋底　　　　　　　　　　依紙型　　　1片（厚布襯）
　　　F11 持手皮片　　　　　　　　　26×4.5　　2片
　　　F12 拉鍊擋布　　　　　　　　　4×5　　　 2片
　　　F13 滾邊條　　　　　　　　　　23×2　　　2片

裡布　B1、B1-1前／後口袋裡布　　　依紙型　　　2片（洋裁襯）
　　　B2、B2-1 前／後裡袋身　　　　依紙型　　　2片（洋裁襯）
　　　B3 拉鍊口布　　　　　　　　　依紙型　　　2片（洋裁襯）
　　　B4 側身　　　　　　　　　　　依紙型　　　1片（洋裁襯）
　　　B5 筆電擋布　　　　　　　　　56×50　　　1片（牛筋襯＋單膠棉＋洋裁襯56×25各1片）
　　　B6 鬆緊帶口袋　　　　　　　　18×25　　　1片
　　　B7 一字口袋　　　　　　　　　35×35　　　1片（洋裁襯）

製作 How To Make

後口袋製作

1 F4前口袋下側身兩端接合F3前口袋上側身左／右片。

2 縫份兩側燙開壓線0.5cm。

3 與F2前口袋表布正面相對，布邊對齊車縫三周。

4 縫份倒向F2壓線0.2cm。

5 B1前口袋裡布先車縫褶子。

6 依紙型山線位置正面對折壓線0.2cm。

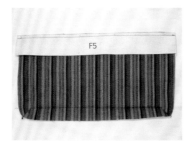

7 與F5前口袋貼邊正面相對車縫固定。

8 縫份倒向B1壓線0.2cm。

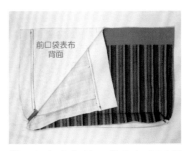

9 與完成的前口袋表布背面相對四周疏縫。

10 取45cm的3.8cm織帶對折包覆袋口處壓線1.7cm。

11 袋口下3.5cm先劃出轉鎖蓋圓型，依圓型位置外側車縫兩圈固定線，再依圓型線條剪掉布料，取轉鎖蓋，套入圓孔。

翻回背面，取轉鎖蓋底座。套入再將固定腳往外折固定。

後袋身製作

12 依圖示打上皮標，並完成後口袋。

13 F8貼式口袋將折雙邊對折整燙。F13滾邊條對折包覆袋口，壓線0.2cm。

14 袋口下2cm打上平面壓釦蓋。

15 前袋身依紙型位置打上壓釦座、10mm雞眼釦及轉鎖座。

16 貼式口袋固定於指定位置，底部壓線0.2cm兩側疏縫。

17 取100cm的3.8cm織帶由中心往兩側各13cm做記號，對折車縫0.2cm。

18 再取F11持手皮片，對折包覆車縫固定，兩端可打上8×8雙面鉚釘。

19 固定於前袋指定位置，壓線0.2cm。

20 將完成的前口袋疊上疏縫三周，再（參閱「部份縫9」）完成包繩一圈。

側身製作

21 完成後袋身。

22 F6拉鍊口布分別與60cm拉鍊兩側正面相對車縫0.7cm。

23 翻回正面整燙車縫0.2cm及0.5cm兩道壓線。

24 F12拉鍊擋布於5cm處反面對折車縫於拉鍊口布兩端。

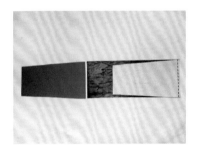

25 F10袋底兩側車縫F7及F7-1側身。

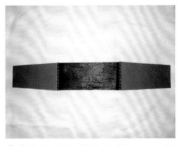

26 縫份倒向袋底車縫0.2cm及0.5cm兩道壓線。

27 側身與拉鍊口布兩端車縫固定。

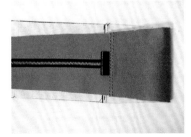

28 縫份倒向側身車縫0.2cm及0.5cm兩道壓線。

表袋身接合

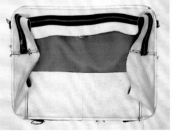

29 完成的側身與前袋身正面相對，四周中心點對齊四角弧度處需剪牙口，車縫0.7cm。

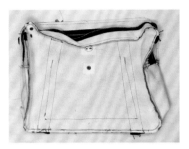

30 後袋身接合方式同前。

31 前／後袋身皆鎖上圓弧鉤釦座。

32 完成筆電擋布（參閱「部份縫8」），置於B2-1後裡袋身袋口下4cm處，兩側疏縫固定。

33 B2前裡袋身完成一字口袋（參閱「部份縫2」一字拉鍊不加拉鍊之做法）。

34 完成鬆緊帶口袋（參閱「部份縫11」），車縫於B4側身袋口下3.5cm處。

35 B3拉鍊口布於車縫拉鍊邊背面折燙0.7cm，正面壓線0.2cm。

36 與側身正面車縫二端。

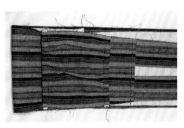

37 縫份倒向側身壓線0.5cm。

38 與前／後袋身裡布接合。

39 表／裡袋底背對背，兩側縫份一併疏縫。由側邊置入11.5×36的PE底板。

40 翻回裡袋身正面，先將表／裡拉鍊口布縫份一併疏縫，再以（藏針縫）方式手縫口布及拉鍊。

41 製作背帶（參閱「部份縫4」），完成。

城市獵人&城市名媛

完成尺寸：男款－長39.5×高38×寬7.5／女款－長36.5×高35×寬7.5

✂ 材料 Materials 紙型 Ⓓ 面 ※ 紅字為「女款－城市名媛」之製作條件

用布量：表布3尺、裡布3尺

其他配件：手把1組、2.5cm織帶6尺、2cm人字帶6尺、35cm拉鍊2條
／30cm拉鍊2條（袋口）、20cm拉鍊1條／16cm拉鍊1條
（一字拉鍊）、皮標1片、PE板38×7.5cm（35×7.5cm）1
片、8×6鉚釘、6×6鉚釘

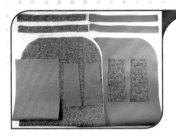

裁布－城市獵人（以下尺寸及紙型皆已含0.7cm縫份）

表布	F1 袋身	紙型折雙	1片（厚布襯）
	F2 拉鍊口布	73×3.5（63×3.5）	2片（厚布襯）
	F3 側身	依紙型	2片（厚布襯）
裡布	B1 袋身	紙型折雙	1片（厚布襯）
	B2 拉鍊口布	73×3.5（63×3.5）	2片（厚布襯）
	B3 側身	依紙型	2片（厚布襯）
	B4 一字拉鍊	23×42（19×37）	1片（洋裁襯）

🧵 製作 How To Make

1 F1袋身依紙型位置，距離袋
口8.5cm車縫2.5cm織帶兩側
0.2cm固定（頭尾分別多出
2.5cm），完成另一邊織帶。

2 人字帶對折熨燙，放在織帶
上方，頭尾比織帶多出2cm，
距離袋口8.5cm車縫人字帶兩
側0.2cm。

3 織帶、人字帶套入手把，往
內折，折至織帶止點處，釘
上8×6鉚釘固定，並完成另
外三處。

4 F2表拉鍊口布找出中心點，
2條35cm的拉鍊頭擋，正面
面向中心點，運用水溶性膠
帶固定，車縫0.7cm，翻至正
面壓線0.5cm固定，完成另一
邊。

5 袋口拉鍊完成。

6 剪2條6cm人字帶，疏縫於步
驟5的兩端備用。

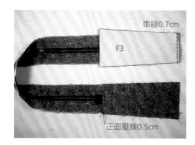

7 F3側身與步驟6正面相對，車縫0.7cm，縫份倒向F3側身整燙，正面壓線0.5cm，並完成另一邊。

8 步驟7與步驟3正面相對，中心相對，車縫點到點，完成兩邊。

9 在F3側身止點下方的F1袋身，剪牙口，共4個牙口。

10 直角轉彎，車縫U字型點到點，完成另一邊。

11 拉鍊為返口，翻回正面，表袋身的織帶上方對折處，於袋身上藏針縫固定，表袋身完成。

12 B2拉鍊口布取其中一邊73cm處（女款為63cm處），背面折燙0.7cm，正面壓線0.5cm，完成另一邊。

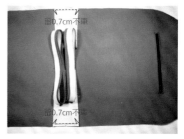

13 步驟12與B3側身正面相對車縫0.7cm，縫份倒向B3側身整燙，正面壓線0.5cm，並完成另一邊。

14 B1袋身袋口下9cm（女款為10cm），完成B4一字拉鍊（請參閱「部份縫2」的作法）。

15 步驟13與14正面相對，中心相對，車縫點到點，完成兩邊。

16 裡袋身組合方式與步驟9、10相同，完成裡袋身。

17 表袋身放入PE板1片，表袋身與裡袋身背對背，中心相對，拉鍊縫份互車0.5cm固定，完成另一邊。

18 袋口藏針縫，表袋身中心下10cm釘上皮標，即完成。

NO.4
明日之星

完成尺寸：長37.5×高33×寬3

✂ 材料 Materials 紙型 B 面

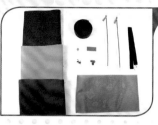
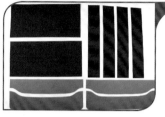

用布量： 8號帆布（藍色）1尺、8號帆布（紅色）2尺、8號帆布（灰色）1尺、尼龍布2尺

其他配件： 3.8cm織帶3尺、25cm拉鍊2條、皮標1片、6×6鉚釘、隱形磁釦1組、網狀布1尺、人字帶2尺、壓釦1組

裁布（以下尺寸及紙型皆已含0.7cm縫份）

8號帆布（藍色）	F1表袋身	39×6.5	4片（洋裁襯）
8號帆布（紅色）	F2表袋身	39×18.5	2片（洋裁襯）
8號帆布（灰色）	F3表袋身上片	依紙型	2片（洋裁襯）
	F4表袋身下片	依紙型	2片（洋裁襯）
尼龍布	B1裡袋身	依紙型折雙	2片
	B2一字拉鍊	28×40	2片
網狀布	C1內口袋	19×34	1片

🧵 製作 How To Make

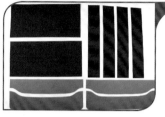

1 F4表袋身下片車縫褶子，褶尖打結處理，並剪開熨燙。

2 與F3表袋身上片正對正，中心相對車縫。縫份燙開，上下分別壓線0.5cm。

3 與F2表袋身正對正，中心相對車縫，縫份燙開。

4 與B2一字拉鍊布正對正，中心相對，依圖示車縫。

5 完成下挖式拉鍊。（請參閱「部份縫7」的做法）

6 與F1表袋身正對正，中心相對車縫。

7 縫份倒向F1表袋身，正面壓線0.2cm。依上列同作法，完成另一片袋身。

8 將2片表袋身正對正車縫，縫份燙開。

9 翻回正面。

10 取1片F1表袋身與B1裡袋身正對正，中心相對車縫。

11 縫份倒向B1裡袋身，壓線0.2cm。

12 C1內口袋於19cm處，先折1cm，再折1cm，正面壓線0.2cm。

13 往上折至3.5cm，疏縫兩側0.3cm固定。

14 人字帶對折熨燙，放置口袋下方，頭尾分別多出1.5cm。

15 往內包覆，壓線0.2cm固定。

16 完成另一邊。

17 如圖示，袋口中心下2cm固定壓釦。

18 將完成的口袋與B1裡袋身中心相對，上方重疊處疏縫0.3cm。

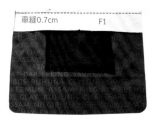

19 再與F1表袋身正對正，中心相對車縫。

20 縫份倒向F1表袋身，壓線0.2cm。

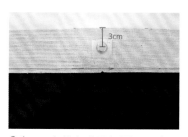

21 F1表袋身背面如圖示，中心下3cm放置隱形磁釦。

22 磁釦背面燙上5cm×5cm大的厚布襯。

23 正面壓2.5cm正方大小的框框，完成另一片。

24 同作法，車縫裡袋身褶子，完成另一片。

25 將2片裡袋身正對正車縫，留返口約15cm不車。

26 將3.8cm織帶對剪，依圖示固定F1表袋身中心左右各7cm。

27 步驟25＋步驟26正對正，中心相對，車縫袋口。

28 利用返口翻回正面，袋口壓線0.5cm。

29 返口藏針縫，依圖示以鉚釘固定皮標。

30 完成。

NO.5 貼心夥伴

完成尺寸：長39×高28×寬15

材料 Materials 紙型 C 面

用布量：表布3尺、裡布3尺（如是格子布需4尺）、皮格布1尺

其他配件：3.8cm織帶12尺、皮標1個、壓釦2組、磁釦1組、包繩6尺、PE板14cm×31cm 1片、連接皮片2組、20cm拉鍊1條、3.8cm問號勾2個、3.8cm日型環1個、6×6鉚釘、8×8鉚釘

裁布（以下尺寸及紙型皆已含0.7cm縫份）

表布	F1 袋身	依紙型	2片（厚布襯）
	F2 側身口袋	依紙型	2片（厚布襯）
	F3 側身	依紙型	1片（厚布襯）
	F4 袋身貼邊	依紙型	2片（厚布襯）
	F5 側身貼邊	依紙型	2片（厚布襯）
	F6 內隔袋貼邊	依紙型	1片（厚布襯）
	F7 包繩布	2.5×90	2條（斜布紋）
皮革布	C1 表袋身下方裝飾布	依紙型	2片
	C2 手把裝飾布	18×4	2片
	C3 背帶裝飾布	11×6	1片

裡布	B1 袋身	依紙型	2片（厚布襯）
	B2 內隔袋布	依紙型	2片（洋裁襯）
	B3 側身口袋	依紙型	2片（厚布襯）
	B4 側身	依紙型	1片（厚布襯）
	B5 拉鍊布	23×37	1片（洋裁襯）
	B6 PE板擋布	35×16.5	1片

製作 How To Make

1 3.8cm織帶剪85cm長2條，依紙型位置距離袋口3cm，車縫F1袋身0.2cm一圈。

2 C1表袋身下方裝飾布與步驟1正面相對，置於袋身上5.5cm車縫。

3 往下折，正面壓線0.5cm。（因是皮革布，所以不能熨燙喔！）

4 依上列步驟完成另一片。

5 取一片F1袋身，中心下6.5cm，固定皮標。

6 F1袋身的織帶對折，找出中心，將C2手把裝飾布覆蓋在織帶上方，兩側短邊壓線0.2cm固定。

7 對折，一同壓線長邊處0.2cm，完成另一邊。

8 F1袋身脇邊下2.5cm，車縫包繩0.5cm固定。（請參閱「部份縫13」的作法）

9 F2側身口袋與F3側身，依紙型位置，正面相對車縫0.7cm。

10 翻回正面，壓線0.5cm，折至離袋口9cm處。

11 疏縫兩側0.2cm，完成另一邊。表側身完成。

12 步驟11與步驟8正面相對，中心相對，車縫0.7cm，圓弧處剪牙口，完成另一邊。

13 外袋身完成。

14 F6內隔袋貼邊與B2內隔袋布正面相對車縫。

15 另一片作法相同，縫份倒向F6內隔袋貼邊整燙。

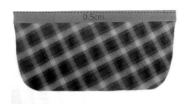  

16 背對背，對齊整燙，折雙處壓線0.5cm。

17 依紙型位置釘壓釦（凹）固定。

18 F4袋身貼邊與B1袋身正面相對，車縫0.7cm，縫份倒向裡袋身，正面壓線0.5cm。

19 步驟18依紙型位置釘壓釦（凸）固定。

20 步驟19與步驟17中心相對，兩側對齊，疏縫0.3cm，內隔袋布完成。

21 取另一片B1袋身與B5拉鍊布，完成下挖式拉鍊。（請參閱「部份縫7」的作法）

  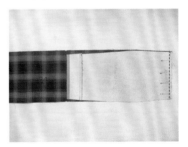

22 與另一片F4袋身貼邊正面相對車縫0.7cm，縫份倒向貼邊，壓線0.5cm。

23 B3側身口袋與F5側身貼邊正面相對車縫，縫份倒向B3，正面壓線0.5cm。

24 步驟23與B4側身車縫0.7cm。

25 正面壓線0.5cm，折至離袋口9cm處，疏縫兩側0.2cm，完成另一邊。

26 裡側身完成。

27 B6 PE板擋布短邊處折燙1cm，再1cm，正面壓線0.7cm。擋布與裡側身（步驟26）中心相對，背對正，疏縫兩側0.2cm。

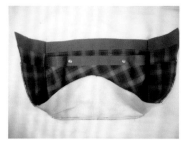

28 步驟27與步驟20，正對正車縫0.7cm。

29 與步驟22車縫0.7cm。

30 底部留返口約20cm不車縫，裡袋身完成。

31 完成的表、裡袋身，正面相對，車縫袋口0.7cm。

32 利用返口翻回正面，袋口壓線0.5cm。

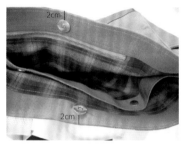

33 袋口中心下2cm釘磁釦固定，返口藏針縫。

34 側身中心縫連接皮片。

35 織帶依個人喜好位置釘鉚釘固定。

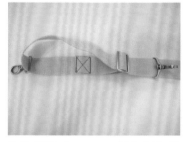

36 背帶（200cm長）套入問號勾、日型環，再套入問號勾，回頭套入日型環的下方車縫固定。（請參閱「部份縫4」的作法）

37 C3背帶裝飾布長邊處折入1cm，正面壓線0.7cm。

38 織帶對摺不收邊，車1cm固定。C3置於織帶下方，包覆織帶，鉚釘固定。

39 內袋置入PE底板，即完成。

NO.6 公事公辦

完成尺寸：長35×高28×寬10

材料 Materials 紙型 Ⓐ 面

用布量：黑色8號帆布3尺、皮革布2尺、裡布3尺

其他配件：56cm皮革雙頭拉鍊拉鍊1條、25cm皮革拉鍊1條、22.5cm皮革拉鍊1條、插釦2組、魔鬼粘3cm及4cm各1組、10mm雞眼釦4組、金屬腳釘4顆、PE底板34×10cm 1片、3.8cm織帶（持手75cm 2條＋筆電擋布41cm 1條＋魔鬼粘擋布25cm 1條＋背帶布150cm）、3.8cm日型環1個、3.8cm三角釦環2個、圓弧鉤釦座2組、8×8鉚釘、6×6鉚釘、皮革1片

裁布（以下尺寸及紙型皆已含0.7cm縫份）

皮革布			
F1、F1-1 前／後上袋身	46.5×7.5	2片（厚布襯）
F2 前口袋袋蓋	依紙型	4片（2片厚布襯不含縫份、2片不燙襯）
F3 後口袋袋蓋	依紙型	2片（1片厚布襯不含縫份、1片不燙襯）
F4 袋底	36.5×11.5	1片（厚布襯35×10＋洋裁襯36.5×11.5）
F5 拉鍊擋布	2.5 ×3.5	2片
F6、F6-1 前／後裡袋身貼邊	46.5×7.5	2片（洋裁襯）
F7 持手布	26×4	2片

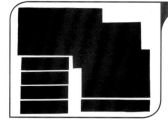

8號帆布		
F8 前下袋身	36.5×24.5	1片
F9 前口袋表布	44.5×24.5	1片
F10 後中袋身	36.5×7	1片
F11 後口袋拉鍊表布	36.5×23	1片
F12 側身	6.5×24.5	4片

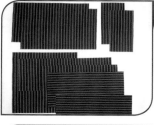

裡布		
B1、B1-1 前／後裡袋身	36.5×24.5	2片（洋裁襯）
B2 袋底	36.5×11.5	1片（洋裁襯）
B3 側身	11.5×24.5	2片（洋裁襯）
B4 筆電擋布	41×42	1片（牛筋襯＋雙膠棉＋洋裁襯41×21cm各1片）

B5 25cm拉鍊口袋裡布	30×35	1片（洋裁襯）
B6 前口袋裡布	44.5×18.5	1片（洋裁襯）
B7、B7-1 後口袋裡布	36.5×20	2片（洋裁襯）

製作 How To Make

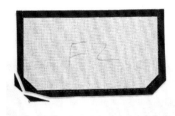

1 F2袋蓋2片布（一片有燙襯一片無燙襯）正面相對車縫三邊，再依圖示修剪縫份。

2 由返口處翻回正面，三邊壓線0.5cm，並依中心點鎖上插釦，完成2片袋蓋。

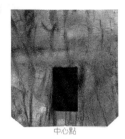

中心點

3 F3後口袋袋蓋（不燙襯）正面依圖示位置車上魔鬼粘（刺面）。

4 F3二片正面相對車縫三周由返口翻回正面壓線0.5cm。

B6前口袋裡布（背面）

5 F9前口袋表布與B6前口袋裡布正面相對車縫44.5cm處。

6 縫份倒向B6壓線0.5cm。

7 背面對折袋底布邊對齊整燙。

中
山　　心山　　　　山
線　　線線線　　　線

8 F9依圖示指定位置縫上插釦座，並劃出山、谷線。

9 山線折燙並壓線0.2cm。

10 對齊F8前下袋身中心線，並車縫固定，袋口處打上8×8鉚釘加強。

11 兩側脇邊對齊，再與F12側身正面相對車縫，縫份倒向F12壓線0.5cm。

12 將完成的前口袋置入疏縫固定。

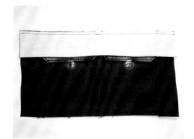

13 取F1前上袋身正面相對車縫。

14 縫份倒向F1壓線0.5cm。

15 剪2條75cm的3.8織帶，以中心點往兩側各13cm（共26cm）劃出記號線，對折車縫0.2cm。

16 取F7持手布對折包覆反折處車縫0.2cm。兩端打上8×8雙面鉚釘。

17 持手反面朝上車縫於F1上袋身（如圖示）。

18 再將持手朝上車縫固定線（如圖示）即完成前袋身。

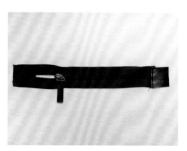

19 F5拉鍊擋布分別車縫於22.5cm拉鍊兩端，翻回正面壓線0.2cm。

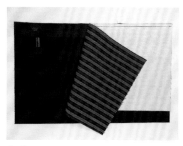

20 F11後口袋拉鍊表布與B7後口袋裡布左側夾車22.5cm拉鍊。

21 縫份倒向B7壓線0.2cm，F11依圖示位置車縫5cm魔鬼粘（毛面）。

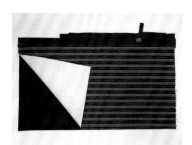

22 由背面反折底部布邊對齊整燙。

23 F10後中袋身與B7-1後口袋裡布夾車22.5cm拉鍊另一側。

24 縫份倒向後口袋裡布壓線0.2cm。

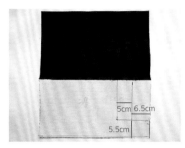

25 將後口袋拉鍊表布翻起依圖示車縫筆袋分隔線。

26 後口袋正面依（圖示）車縫分隔線及打皮標，並於袋口處打上8×8鉚釘加強，並疏縫三邊。

27 將完成的後口袋依圖示固定於後中袋身。

28 兩側車縫F12側身，縫份倒向F12壓線0.5cm。

29 同作法13～18完成後袋身。

30 表布前袋身接合F4袋底中心點對齊。

31 縫份倒向F4壓線0.5cm，後袋身作法同上。

32 前／後表袋身正面相對，車縫脇邊袋口處留3cm不車，縫份倒向兩側，上袋身兩側壓線0.5cm（如圖示），袋底打角。

33 於前／後袋身各自的左上方（依圖示）打上10mm雞眼釦，完成表袋身製作。

34 參閱「部份縫8」完成筆電擋布，置於B1-1後裡袋身底部上2cm，兩側脇邊疏縫。

35 B1前裡袋身完成25cm下挖式拉鍊口袋（參閱「部份縫7」）。

36 完成的前／後裡袋身底部與B2袋底接合。縫份倒向B2壓線0.2cm。

37 裡後袋身兩側分別與B3裡側身接合。

38 再與前裡袋身脇邊接合其中一側需留15cm返口,再車縫袋底。

3cm不車　　　　　　3cm不車
F6袋口貼邊

39 F6袋口貼邊兩片正面相對車縫兩側,袋口處需留3cm不車。

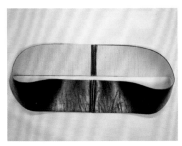

40 縫份兩側攤開各自壓線0.5cm。

41 與完成的裡袋身正面相對套合車縫一圈。

42 縫份倒向袋口貼邊壓線0.5cm。

43 取56cm雙頭皮革拉鍊先與表袋身袋口疏縫。

44 表/裡袋身正面相對套合車縫袋口處(需分2段車縫)。

45 由返口處翻回正面,袋口處壓線0.5cm一圈。利用返口處將圓弧鉤釦座鎖上。

2.5cm

5cm

2.5cm

46 由返口置入PE底板,返口再以藏針縫固定。袋底打上金屬腳釘(如圖示)。

47 完成背帶(參閱「部份縫4」),完成。

青春活力&舞動光彩

完成尺寸：長22×高35×寬12

NO.

材料 Materials 紙型 D 面

用布量：8號帆布3尺、裡布3尺、配色布1尺

其他配件：3.8cm織帶6尺、皮標1個、3.8cm插釦1個、3.8cm口型環2個、3.8cm日型環1個、3.8cm旋轉勾1個、8×6鉚釘2個、14cm拉鍊1條、30cm拉鍊1條、35cm拉鍊1條、6×6鉚釘4個

裁布（以下尺寸及紙型皆已含0.7cm縫份）

8號帆布			
	F1 前袋身	依紙型	1片
	F2 後袋身	依紙型	1片
	F3 上側身	依紙型	1片
	F4 外袋身	依紙型	1片
	F5 背帶擋片	依紙型	2片
	F6 側身	54.5×13.5	1片
	F7 側口袋	17.5×16	2片
	F8 外口袋拉鍊口布	32.5×4	1片
	F9 外口袋側身	33×5.5	1片

裡布			
	B1 前袋身	依紙型	1片（洋裁襯）
	B2 後袋身	依紙型	1片（洋裁襯）
	B3 上側身	依紙型	1片（洋裁襯）
	B4 外袋身	依紙型	1片（洋裁襯）
	B5 側身	54.5×13.5	1片（厚布襯）
	B6 側口袋	17.5×16	2片
	B7 外口袋拉鍊口布	32.5×4	1片（洋裁襯）
	B8 外口袋側身	33×5.5	1片（洋裁襯）
	B9 外口袋	依紙型	1片（洋裁襯）
	B10 一字拉鍊	16.5×33	1片（洋裁襯）
	B11 內滾邊條	4.5×105	1條（斜布紋）
	B12 內滾邊條	4.5×18	1條（斜布紋）

配色布	C1 外口袋	依紙型	1片（厚布襯）

製作 How To Make

1 F4外袋身與B10一字拉鍊依紙型位置完成一字拉鍊。（請參閱「部份縫2」的作法）

2 F8外口袋拉鍊口布與B7正對正，一同夾車30cm拉鍊。

3 翻回正面壓線0.2cm。

4 表、裡長邊處先折燙0.7cm備用。

5 F9外口袋側身與B8外口袋側身，取其一長邊處折燙0.7cm備用。

6 與步驟4正對正，夾車0.7cm，並完成另一邊。

7 壓線0.5cm。

8 與C1外口袋正對正，先疏縫0.3cm一圈。

9 與B9外口袋正對正，中心相對，車縫0.7cm，下方留約10cm返口不車。

10 利用返口翻回正面，返口藏針縫。

11 依紙型位置將外口袋車縫於F4外袋身0.2cm。（小心別車到後方的一字拉鍊）

12 剪織帶8cm，套入插釦，持出1cm，疏縫F4外袋身上方中心處。

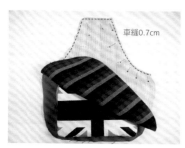  

13 再與B4外袋身正對正，車縫0.7cm。

14 縫份修小，翻回正面，壓線0.5cm。

15 依圖示固定皮標。

16 下方U型處先疏縫固定。

17 F3上側身＋B3上側身正對正，中心相對，一同夾車35cm拉鍊。

18 弧度處剪牙口，翻回正面，壓線0.5cm。

19 F6側身＋B5側身正對正，夾車步驟18。

20 翻回正面，壓線0.5cm，並完成另一邊。

21 將表、裡側身疏縫0.3cm固定。

22 將步驟16U型疏縫0.3cm於F1前袋身備用。

23 F7側口袋＋B6側口袋正對正，車縫上、下0.7cm。

24 翻回正面，上方壓線0.5cm。

25 中心左右各4cm折山線，（山線處）壓線0.2cm固定。

26 將口袋固定F6側身，對齊剪接線，下方壓線0.5cm固定，兩側疏縫0.3cm固定。

27 完成另一邊口袋。

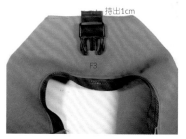  

28 剪織帶11cm，套入插釦，持出1cm，疏縫F3上側身中心處固定。

29 步驟22車縫於袋口拉鍊另一側。

30 再將B1前袋身與步驟29正對正，中心相對，車縫0.7cm，下方留約20cm返口不車。

31 利用返口翻回正面，返口藏針縫。

32 剪織帶8cm長2段，套入口型環，依圖示固定F2後袋身。

33 F5背帶擋片正對正，車縫U型處0.7cm。

34 縫份修小，翻回正面，壓線0.5cm。

35 將剩餘織帶置於F5正面處，依圖示壓線0.2cm固定。

36 依圖示固定鉚釘。

37 將步驟36疏縫於F2後袋身上方0.3cm。

38 步驟37與B2後袋身背對背，疏縫外圍0.3cm一圈備用。

39 完成背帶。（請參閱「部份縫4」的作法）

40 步驟39＋步驟31正對正，疏縫0.3cm一圈。

41 取B11及B12內滾邊條，正對正，車縫1cm，背面藏針縫固定。

車縫1cm

B11背面

42 利用袋口拉鍊翻回正面，即完成。

43 女款正／反面。

41

材料 Materials 紙型 B 面

用布量：袋身素布2尺、格子布1.5尺、裡布3尺

其他配件：45cm拉鍊1條、18m拉鍊1條、16cm拉鍊1條、12cm拉鍊1條、3.8cm織帶4尺、2.5cm織帶1尺、3.8cm日型環1個、3.8cm三角鋅環2個、3.8cm問號勾1個、15mm平面壓釦1組、2cm人字帶3尺、皮標1個、雙膠棉粗裁7×37cm2片

裁布（以下尺寸及紙型皆已含0.7cm縫份）

素布	F1 前袋身（上）	依紙型	1片（厚布襯）
	F2 前袋身（下）	依紙型	1片（厚布襯）
	F3 袋底	依紙型	1片（厚布襯）
	F4 後袋身	依紙型	1片（厚布襯）
	F5 背帶拉鍊口袋布	6×16	4片
	F6 背帶布（上）	依紙型	1片（洋裁襯）
	F7 背帶布（中）	依紙型	1片（洋裁襯）
	F8 背帶布（下）	依紙型	1片（洋裁襯）
	F9 背帶後背布	依紙型	1片（洋裁襯）
	F10 12cm拉鍊擋布	3×3	4片
格子布	F11 18cm拉鍊擋布	5×3	2片
	F12 前口袋（上）	依紙型	1片（厚布襯）
	F13 前口袋（下）	依紙型（正面取圖）	1片（厚布襯）
	F14 前口袋（下）後背布	依紙型（背面取圖）	1片（洋裁襯）
	F15 前口袋（下）裡布	依紙型	1片（洋裁襯）
	F16 前口袋後背布	依紙型	1片（厚布襯）
裡布	B1 前袋身（上）	依紙型	1片（洋裁襯）
	B2 袋底	依紙型	1片（洋裁襯）
	B3 前袋身（下）	依紙型	1片（洋裁襯）
	B4 後袋身	依紙型	1片（洋裁襯）
	B5 16cm一字拉鍊口袋	20×40	1片（洋裁襯）
	B6 折式口袋	20×30	1片（洋裁襯）

製作 How To Make

前口袋製作

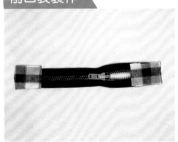

1 F11 18cm拉鍊擋布2片分別車縫於18cm拉鍊兩端，再翻回正面整燙。

2 F13及F14前口袋（下）正面相對夾車18cm拉鍊。

3 翻回正面壓線0.2cm，並於F13依圖示位置釘上皮標。

4 F12前口袋（上）與F15前口袋（下）裡布正面相對夾車拉鍊另一側。

5 縫份倒向F12壓線0.2cm，並將底部依圖示先行車縫0.7cm。

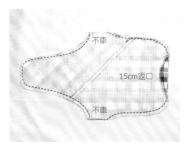

6 與F16前口袋後背布正面相對，依圖示車縫固定兩側（有2處不車），底部留15cm返口。

背帶及後袋身製作

7 弧度處需剪牙口，再由返口處翻回正面袋口處，依圖示位置壓線0.2cm。

8 重疊於F2前袋身（下）依紙型記號對齊，袋底如圖示壓線0.2cm及依紙型位置打上15mm平面壓釦蓋。

9 取F10 12cm拉鍊擋布分別夾車12cm拉鍊兩端，再翻回正面整燙。F5背帶拉鍊口袋布2片正面相對夾車12cm拉鍊。

10 翻回正面壓線0.2cm。

11 完成另一側。

12 置於F7上兩側脇邊對齊，先疏縫。上下中心點對齊，兩側脇邊進1.5cm為谷折，再將多餘布料倒向兩側疏縫。

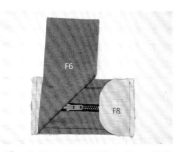

13 上端（拉鍊頭端）與F6背帶布（上），下端與F8背帶布（下）正面相對車縫固定。

14 翻回正面壓線0.2cm。

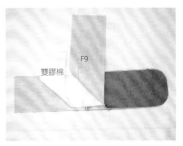

15 與F9背帶後背布背面相對，中間置入雙膠棉（依F9不含縫份尺寸）三層壓燙。

16 參閱「部份縫12及4」完成背帶。

17 將2.5織帶對折疏縫於背帶中心點，再固定於F4後袋身上端，需多持出1cm（如圖示）。

18 持出1cm的特寫。

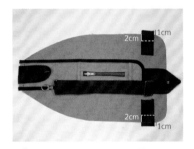

19 剪2段7cm的3.8織帶分別固定於後袋身底部上3.5cm，也需多持出1cm，先於2cm處車縫1道固定線。

20 將套入三角鋅環的織帶反折疏縫，即完成後袋身。

裡袋身拉鍊及口袋製作

21 B4後袋身依紙型位置開16cm一字拉鍊（參閱「部份縫2」）。

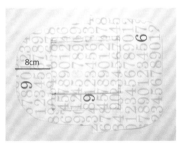

22 B3前袋身（下）袋口下8cm完成貼式口袋（參閱「部份縫5」）。

組合

23 F2表前袋身（下）與B3前袋身（下）正面相對，夾車45cm拉鍊至止點處。

24 表／裡布縫份於拉鍊止點處各自剪牙口（如圖示），拉鍊不能剪到。

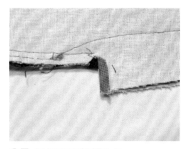

25 縫份各自折燙0.7cm。

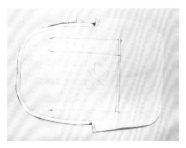

26 弧度處需剪牙口。

27 由底部翻回正面壓線0.5cm（如圖示）。

28 F1表前袋身（上）與F3袋底正面相對車縫兩側。

29 縫份倒向袋底壓線0.5cm，並依紙型位置打上15mm壓釦底座。

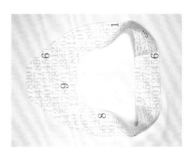

30 B1與B2作法同上。

31 將完成的表前袋身（上）（作法29）內圓與前袋身（下）表布正面相對，布邊對齊車縫一圈，弧角處剪牙口。

32 再取完成的裡前袋身（作法30）與前袋身（下）裡布正面相對，布邊對齊車縫一圈。

33 依圖示壓線0.2cm，並將表／裡布四周疏縫固定。

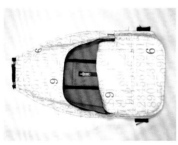

34 再與完成的F4後袋身（作法20）表布正面相對，車縫四周。

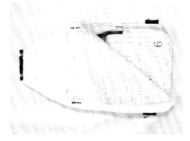

35 B4後袋身再與裡袋身正面相對，車縫一圈（袋底需留20cm返口）。

36 由返口翻回正面，並以藏針縫固定返口，即完成。

完成尺寸：長32×高45×寬21

材料 Materials 紙型 Ⓑ面

用布量：表布（條紋布）3尺、表布（素布）3尺、裡布3尺

其他配件：75cm雙頭拉鍊1條、50cm拉鍊1條、18cm拉鍊1條、28mm雞眼釦12組、魔鬼粘5cm 1組、棉繩提把110cm 1條、2.5cm織帶65cm 2條、3.8cm織帶30cm 1條、2.5cm日型環2個、3.8cm三角鋅環2個、2.5cm問號勾2個、拉鍊皮套2組、織帶用皮片1個、皮標1片、6×6鉚釘、8×8鉚釘、PE底板1片、釘洞皮片2組、單膠棉粗裁49×4cm 4片、細棉繩6尺

裁布（以下尺寸及紙型皆已含0.7cm縫份）

| 條紋布 | F1 袋身（中） | 97.5×31.5 | 1片（厚布襯） |
| | F2 20cm一字拉鍊裡布 | 40×31.5 | 1片（洋裁襯） |

素布	F3 袋身（上）	97.5×6.5	1片（厚布襯）
	F3-1 袋身貼邊	97.5×6.5	1片（洋裁襯）
	F4下 袋身（前）表布	76.5×11.5	1片（厚布襯）
	F4-1 下袋身（後）表布	22.5×13.5	1片（厚布襯）
	F5下 袋身（前）裡布	76.5×11.5	1片（厚布襯）
	F5-1 下袋身（後）裡布	22.5×13.5	1片（厚布襯）
	F6、F6-1、F6-2 袋底	依紙型	3片（2片厚布襯、1片洋裁襯）
	F7 前口袋表布	依紙型	1片（厚布襯不含縫份）
	F8 前口袋袋蓋（表）	依紙型	1片（厚布襯不含縫份）
	F8-1 前口袋袋蓋（裡）	依紙型	1片（厚布襯不含縫份）
	F9 前口袋側身	8×46	1片（厚布襯不含縫份）
	F10 背帶布	依紙型	左／右各2片（單膠棉不含縫份左／右各 2 片、洋裁襯含縫份左／右各 2 片）
	F11 包繩布	前口袋2.5×50	1條（斜布紋）
		袋底2.5×110	1條（斜布紋）

裡布	B1 裡袋身	97.5×31.5	1片
	B2 袋底	依紙型	1片
	B3 18cm拉鍊口袋裡布	21×40	1片
	B4 滾邊條	4×25	2片

※本次示範使用尼龍布不需燙襯，若使用一般布料請燙「洋裁襯」。

製作 How To Make

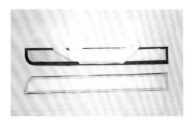

1 將F10背帶布＋單膠棉＋洋裁襯三層依序重疊整燙（左／右各2片），共4片。

2 依圖示位置擺放，先取左／右各1片，將車縫拉鍊邊的縫份先折燙0.7cm。

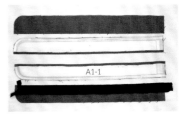

3 依圖示將50cm拉鍊正面朝下，先以水溶性膠帶固定於A1，拉鍊頭擋布需做收邊處理。

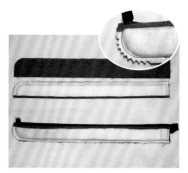

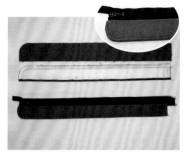

4 與A1-1正面相對重疊，車縫另一側L型，弧度需剪牙口。

5 翻回正面整燙，三周壓線0.2cm。

6 布邊左／右各進1.5cm壓線。

7 完成另一側。

8 取65cm 2.5cm織帶一端反折2.5cm，置於背帶布背面。

9 沿邊壓線0.2cm。

10 三等分打上8×8鉚釘。（參閱「部份縫4」完成背帶）

11 F4下袋身（前）表布與F5下袋身（前）裡布，夾車75cm拉鍊。

12 翻回正面整燙車縫0.2 cm及0.5 cm二道壓線。

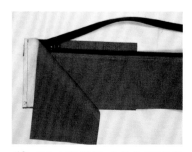

13 F4-1下袋身（後）表布與F5-1下袋身（後）裡布，夾車F4一端。

14 再夾車另一端。

15 翻回正面左／右各車縫0.2 cm及0.5 cm二道壓線。

16 F6袋底車縫包繩一圈。（參閱「部份縫9」）

17 完成的下袋身與袋底正面相對車縫一圈。

18 取F6-1袋底正面相對車縫一圈，需留25cm返口。

19 由返口翻回正面，返口先不縫。

20 F9前口袋側身於8cm正面對折車縫兩端，翻回正面整燙。

21 F7前口袋（如圖示位置）中心線下1.5cm車縫包繩。（參閱「部份縫13」）

22 將前口袋側身正面相對由中心線對齊車縫三周（如圖示）。

23 另一側布料反折車縫三周底部留10cm返口。

24 翻回正面，整燙袋口及袋身沿包繩邊壓線0.2cm，裡袋身返口就順便車縫固定囉！

25 袋口下3.5cm車縫魔鬼粘（毛面），並於脅邊下1cm連同側身打上8×8鉚釘。

26 F8-1前口袋袋蓋（裡）於底部往上2cm車縫魔鬼粘（凸面）。

27 與F8前口袋袋蓋（表）正面相對，車縫三邊。平口處不車做為返口。

28 翻回正面壓線0.2cm，底部往上1.5cm釘皮標。

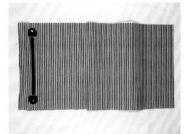

29 F1袋身（中）左側往右5cm開20cm一字拉鍊口袋（參閱「部份縫2」），並於上下縫上拉鍊皮套裝飾，並打上8×8鉚釘。

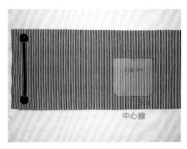

中心線

30 取F1袋身中心由下往上5cm，以前口袋不含縫份紙型劃出位置線。

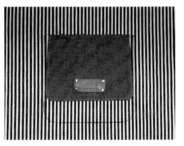

31 將完成的袋蓋正面朝上，對齊袋口記號線車縫0.5cm。

32 袋蓋往上掀，壓線1cm固定線。

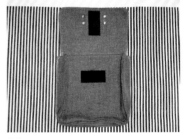

33 前口袋固定於位置線壓線0.2cm。

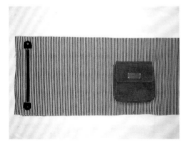

34 完成前口袋。

35 袋身（中）兩側脇邊正面相對車縫為一個圈，縫份兩側倒開。

參考圖

16cm

36 3.8cm織帶兩側對折倒向中心線，由中心點往兩側各8cm壓線（如圖示）。

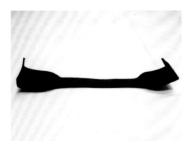

37 兩端反折2.5cm。

38 固定於袋身（中）後中心上／下各5cm車縫3.5cm固定線（如圖示）。

39 袋身（中）底部與下袋身另一側拉鍊正面相對車縫一圈。

40 再取F6-2袋底與下袋身正面相對車縫一圈。

41 翻回正面，縫份倒向袋身（中）壓線0.5cm。

42 釘洞皮片套入三角釦環（依圖示）位置釘於下袋身。

43 B 1 裡袋身正面對折車縫脇邊，縫份倒向一側壓線0.5cm。

44 接合B2袋底。

45 將18cm拉鍊（正面朝下）車縫於 B3 18cm拉鍊口袋裡布的21cm處。

46 拉鍊翻回正面車縫0.2cm及0.5cm二道壓線。

47 由背面反折（依圖示位置對齊）車縫拉鍊另一側，並將兩側脇邊疏縫。

48 B4 4×25滾邊條車縫於兩側脇邊正面底部需反折1cm，正面滾邊條翻回背面於正面壓線0.7cm。

49 疏縫於裡袋身對齊後中心線。

50 先將2片袋底背對背稍加疏縫即可。

51 翻回正面，袋口疏縫一圈。

52 完成的背帶布車縫於後袋身中心，背帶布需多持出1.5cm。

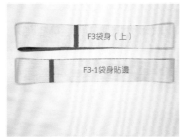

53 F3袋身（上）與F3-1袋身貼邊各自接合為一個圈，縫份兩側燙開。

54 兩片再正面相對套合，車縫一圈縫份燙開，F3-1袋身貼邊先折燙0.7cm。

55 套入袋身正面相對車縫一圈。

56 縫份倒向上整燙。

57 將袋身貼邊反折入裡袋身，布邊對齊車縫線整燙，上／下各車縫0.2cm及0.5cm二道縫線。

58 依圖示位置打上12顆28mm雞眼釦。

59 如圖示套入110cm棉繩提把。

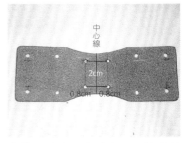

60 將織帶用皮片依圖示位置另外打出4個孔洞。

61 以8×8鉚釘固定皮片。

62 完成。

NO.10
潮男再現

完成尺寸：長41×高46×寬15

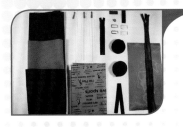

材料 Materials 紙型 Ⓑ 面

用布量： 8號帆布（藍色）3尺、8號帆布（紅色）1尺、8號帆布（灰色）2尺、尼龍布4尺

其他配件： 38cm口型環2個、3.8cm日型環2個、2.5cm織帶1尺、3.8cm織帶7尺、網狀布1尺、人字帶3尺、魔鬼粘8cm長1組、皮標1個、6×6鉚釘4個、85cm拉鍊1條（袋口）、28cm拉鍊1條（上袋身）、30cm拉鍊2條（下袋身）、20cm拉鍊1條（內袋）

裁布（以下尺寸及紙型皆已含0.7cm縫份）

8號帆布（藍色）	F1 袋身上片	依紙型	1片（洋裁襯）
	F2 拉鍊口布	依紙型折雙	1片（洋裁襯）
	F3 拉鍊口布	依紙型折雙	1片（洋裁襯）
	F4 後袋身	依紙型	1片（洋裁襯）
	F5 三角側絆	依紙型折雙	2片
	F6 背帶布	15×49	2片

| 8號帆布（紅色） | F7 袋身中片 | 35×18 | 1片（洋裁襯） |
| | F8 袋身隔片 | 63×8 | 1片（洋裁襯63×5） |

| 8號帆布（灰色） | F9 袋身下片 | 63×17 | 2片 |
| | F10 袋底 | 依紙型 | 1片（洋裁襯） |

尼龍布	B1 裡袋身	依紙型	2片
	B2 拉鍊口布	依紙型折雙	1片
	B3 拉鍊口布	依紙型折雙	1片
	B4 側身	15×21	2片
	B5 袋底	依紙型	1片
	B6 內口袋	35×48	1片
	B7 拉鍊內袋	31×34	1片
	B8 袋身隔片	63×4	1片
	B9 袋身下片	63×20	1片

| 網狀布 | C1 拉鍊片 | 22×35 | 1片 |

 製作 How To Make

1 F7袋身中片與B7拉鍊內袋正對正，依圖示車縫。

2 完成下挖式拉鍊。（請參閱「部份縫7」的作法）

3 與F1袋身上片正對正，中心相對車縫。

4 縫份倒向F1袋身上片，壓線0.2cm。

5 F2拉鍊口布與85cm拉鍊正面相對車縫。

6 縫份倒向F2拉鍊口布，壓線0.2cm。

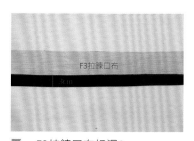

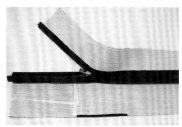

7 F3拉鍊口布折燙3cm。

8 與另一邊拉鍊對齊。

9 正面一同壓線2.5cm。

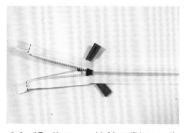

10 與步驟4正對正，圓弧處剪牙口，中心相對車縫，縫份燙開。

11 將2條30cm拉鍊正對正，先手縫固定。

12 將拉鍊與F9袋身下片正對正，中心相對，一同夾車0.7cm。

13 整燙，正面壓線0.2cm。

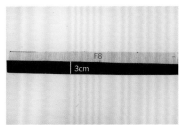

14 F8袋身隔片折燙3cm。

15 與B8袋身隔片正對正，夾車另一邊拉鍊。

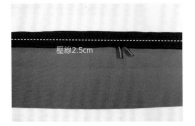

16 於F8袋身隔片正面壓線2.5cm。

17 與步驟10正對正，先疏縫0.3cm固定。

18 再與B9袋身下片一同車縫0.7cm固定。

19 縫份倒向下，正面壓線0.2cm。

20 下方3邊正面疏縫0.3cm固定。

21 與F10袋底正對正，中心相對，車縫袋底圓弧處。

22 剪15cm長的3.8cm織帶套入口型環，尾端先行疏縫0.3cm。

23 置於F5三角側絆正面中心線上，持出1cm。

24 完成F5三角側絆。（請參閱「部份縫10」的作法）

25 固定F4後袋身，由下往上2.5cm處，疏縫0.3cm。

26 F6背帶布對折車縫0.7cm。

27 車縫線置中，縫份燙開。

28 剪7×43cm長的單膠棉2條。

29 單膠棉對齊背帶的一端，有膠面貼向背帶平整面，隔布熨燙固定。

30 織帶60cm長穿入背帶置中（無單膠棉那端），將背帶2側折入，車縫2cm，如圖示。

31 從背帶另一端開口翻成正面。

32 如圖示壓線，及背帶2側壓線0.5cm。

33 同作法，完成另一條背帶。

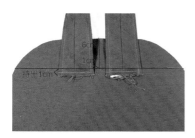

34 將背帶依圖示固定中心下6cm，左右各1cm處，並持出1cm。

35 剪37cm長的3.8cm織帶覆蓋背帶布，如圖示，上下壓線0.2cm及0.5cm固定。

36 將背帶布的織帶套入日型環，再穿入口型環，再返回穿入日型環固定，完成背帶。（請參閱「部份縫4」的作法）

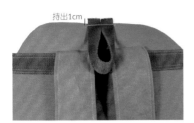

37 將2.5cm織帶固定F4後袋身中心處，並持出1cm，先疏縫0.3cm。

38 與步驟21正對正，中心相對，先車縫底部，頭尾留0.7cm不車縫。

39 下方剪牙口，轉彎車縫袋身圓弧處。

40 利用拉鍊口做為返口，翻回正面。

41 B2拉鍊口布對折1cm，正面壓線0.5cm。

42 B3拉鍊口布作法相同。

43 與B4側身正對正，如圖示擺放拉鍊口布，車縫0.7cm。

44 縫份倒向B4側身，正面壓線0.5cm。

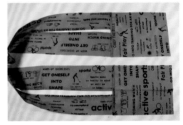

45 同作法，完成另一邊。

46 取B6內口袋，中心線下2cm車縫魔鬼粘，如圖示。

47 於48cm處對折，車縫底部0.7cm。

48 口袋折雙處包覆人字帶，壓線0.2cm。

49 B1裡袋身由下往上中心 29cm車縫另一片魔鬼粘。

50 將完成的內口袋覆蓋上，車縫ㄩ字型0.2cm固定。

51 與步驟45正對正，中心相對，車縫圓弧處0.7cm。

52 C1拉鍊片與20cm拉鍊完成網狀布內袋。（請參閱「部份縫6」的作法）

53 剪2條20cm長的人字帶，包覆網狀布內袋兩側，壓線0.2cm。

54 固定另一片B1裡袋身中心上方，疏縫0.3cm。

55 同作法，與步驟51接合車縫。

56 與B5袋底正對正，中心相對，先車縫直線處，頭尾留0.7cm不車縫。（注意拉鍊口布的方向）

57 再由頭尾的0.7cm，車縫袋底另一側圓弧，完成裡袋身。

58 將表裡袋身背對背套入，中心相對，縫份互車固定，袋口藏針縫。

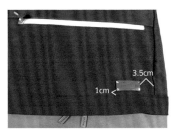

59 依圖示固定皮標。

60 完成。

No.11 街頭印象包

完成尺寸：長23×高28×寬8.5

✂ 材料 Materials 紙型 Ⓑ面

用布量：皮革布2尺、裡布2尺、配色布2尺

其他配件：16cm拉鍊1條、42cm拉鍊1條、包繩7尺、3.8cm日型環1
個、3.8cm問號勾1個、3.8cm三角鋅環2個、3.8cm尼龍織
帶6尺、人字帶1尺

裁布（以下尺寸及紙型皆已含0.7cm縫份）

皮革布				
	F1 前袋身	依紙型	1片	（厚布襯）
	F2 後袋身	依紙型	1片	（厚布襯）
	F3 前口袋	依紙型	1片	（厚布襯）
	F4 側身	依紙型	1片	（厚布襯）
	F5 拉鍊口布	44×3.2	2片	（厚布襯）
	F6 拉鍊頭尾擋布	3×4	4片	
	F7 前口袋側身	3×23	1片	（厚布襯）

裡布				
	B1 前袋身	依紙型	1片	（厚布襯）
	B2 後袋身	依紙型	1片	（厚布襯）
	B3 前口袋	依紙型	1片	（洋裁襯）
	B4 前口袋擋布	依紙型	1片	（厚布襯）
	B5 側身	依紙型	1片	（厚布襯）
	B6 拉鍊口布	44×3.2	2片	（厚布襯）
	B7 內口袋	依紙型	1片	（洋裁襯）
	B8 前口袋側身	3×23	1片	（洋裁襯）
配色布	C1 肩擋布	依紙型	2片	（厚布襯）
	C2 包繩布	2.5×100	2條	（斜布紋）

🧵 製作 How To Make

前口袋製作

車縫0.2cm

壓線0.2cm

1 剪一段27cm長的織帶與人字
帶重疊，車縫兩側0.2cm。

2 依紙型位置，將織帶固定於
F3前口袋中心處，2側壓線
0.2cm。

3 F6拉鍊頭尾擋布夾車16cm拉
鍊。

4 拉鍊頭朝下車縫，頭尾留0.7cm不車縫。

5 止點下方處剪牙口，直角轉彎，車縫0.7cm。

6 右側再與F7前口袋側身正對正車縫0.7cm，頭尾留0.7cm不車縫。

7 與步驟5作法相同。

8 B3前口袋與B8前口袋側身正對正，車縫左側0.7cm，頭尾留0.7cm不車縫。

9 與步驟5作法相同。

10 步驟7與步驟9，正對正車縫拉鍊與直角轉彎處0.7cm。

11 將口袋背對背，疏縫0.3cm一圈，再疏縫於B4前口袋擋布正面處。

12 步驟11與F1前袋身正對正車縫0.7cm。

13 F1前袋身車縫包繩。（參閱「部份縫9」的作法）

14 C1肩擋布正對正夾車織帶，車縫0.7cm。

15 縫份修小，翻回正面，壓線0.5cm。

16 固定於F2後袋身上方中心處，疏縫0.3cm。

17 剪2段5cm的織帶套入三角鋅環，分別依紙型位置固定於F2後袋身，疏縫0.3cm。

18 F2後袋身車縫包繩。（參閱「部份縫9」的作法）

車縫0.7cm

19 F5拉鍊口布與42cm拉鍊正面相對，車縫0.7cm。

20 翻回正面壓線0.5cm。

21 相同方法完成另一邊拉鍊。

車縫0.7cm

F4側身

22 步驟21與F4側身正對正，車縫0.7cm。

23 縫份倒向F4側身，壓線0.5cm。

24 完成另一邊。

25 步驟13＋步驟24正對正，中心相對，車縫0.7cm。

26 再與步驟18車縫0.7cm，利用拉鍊翻回正面，表袋身完成。

正面壓線1cm

27 B7內口袋對折，折雙邊正面壓線1cm。

28 將口袋固定B2後袋身，重疊處疏縫0.3cm。

29 B6拉鍊口布長邊處背面折燙0.7cm，正面壓線0.5cm。

30 與 B 5 側 身 正 對 正，車 縫0.7cm。

 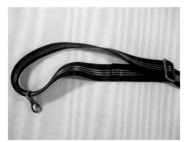 

31 縫份倒向下，壓線0.5cm。

32 同作法，完成另一邊。

33 步驟28＋步驟32，正對正，中心相對，圓弧處剪牙口，車縫0.7cm。

34 再與B1前袋身車縫0.7cm，裡袋身完成。

35 表袋身的織帶套入日型環，再套入問號勾，回頭穿入日型環下方，反折1cm車縫。

36 裡袋身與表袋身背對背套入，中心相對，縫份互車。

37 袋口藏針縫，完成。

38 背面完成圖。

✂ 材料 Materials 紙型 Ⓐ 面

用布量：表布3尺、裡布3尺、8號帆布（咖啡色）1尺

其他配件：包繩12尺、人字帶2尺、皮標1個、6×6鉚釘4個、2.5cm織帶2尺、3.8cm織帶2尺、65cm拉鍊1條（袋口）、45cm拉鍊1條（前口袋）、魔鬼粘6cm長1組、牛筋襯、單膠棉、背帶1組

裁布（以下尺寸及紙型皆已含0.7cm縫份）

表布			
	F1 前上袋身	依紙型	1片
	F2 前下袋身	依紙型	1片
	F3 前拉鍊口袋	依紙型	1片
	F4 後袋身	依紙型	1片
	F5 拉鍊口布	67×6.5	2片
	F6 側身	依紙型折雙	1片
	F7 手提布	33×6	1片
	F8 拉鍊頭尾擋布	3×4	4片

裡布			
	B1 裡袋身	依紙型	2片（厚布襯）
	B2 拉鍊口布	67×6.5	2片（厚布襯）
	B3 側身	依紙型折雙	1片（厚布襯）
	B4 內口袋	40×52	1片（洋裁襯、牛筋襯、單膠棉 40×26各1片）
	B5 前拉鍊口袋	依紙型	一正一反各1片（洋裁襯）

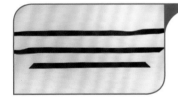

8號帆布（咖啡色）			
	C1 前後袋身包繩布	2.5×146	2片（斜布紋）
	C2 前袋下方包繩布	2.5×35	1片（斜布紋）

🧵 製作 How To Make

1 F8拉鍊頭尾擋布正對正，夾車45cm拉鍊兩端。

2 將拉鍊置於F3前拉鍊口袋正面上。

3 與B5前拉鍊口袋一同夾車拉鍊。

4 弧度剪牙口，翻回正面整燙。

5 F1前上袋身和B5前拉鍊口袋與步驟4一同夾車拉鍊。

6 稍作整燙，壓線0.2cm，頭尾分別留4cm不壓線，口袋重疊處疏縫0.3cm。

7 下方車縫包繩，疏縫0.3cm固定。

8 與F2前下袋身正對正，車縫0.7cm。

9 F5拉鍊口布與65cm拉鍊正對正，中心相對，車縫0.7cm。

10 翻回正面，壓線0.5cm。

11 同作法，完成另一邊。

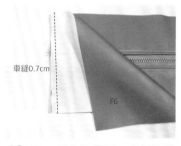

12 與F6側身正對正，車縫兩端0.7cm。

13 縫份倒向下，壓線0.5cm。

14 F4後袋身車縫包繩固定。（請參閱「部份縫9」的作法）

15 與步驟13正對正，中心相對車縫。

16 步驟8車縫包繩固定備用。

17 剪25cm長的2.5cm織帶，置於F7手提布背面，頭尾多4cm。

18 往中心黏貼固定。

19 正面貼上人字帶，左右壓線0.2cm。

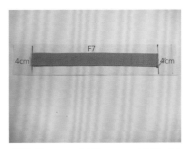

20 固定後袋身F5拉鍊口布，中心左右各10cm，依圖示車縫固定。

21 同作法，與步驟16車縫一圈，拉鍊為返口，翻回正面，完成表袋身組合。

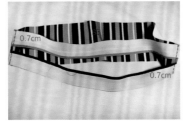

22 B2拉鍊口布長邊背面折燙0.7cm，正面壓線0.5cm，完成2片。

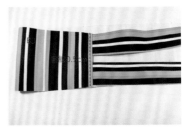

23 與B3側身正對正，車縫2邊0.7cm。

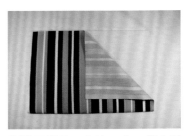

24 縫份倒向B3側身，壓線0.5cm。

25 與其中1片B1裡袋身正對正，中心相對，車縫一圈。

26 B4內口袋布的背面，依序將牛筋襯、單膠棉、洋裁襯，熨燙上去。

27 再將另一半的B4內口袋布熨燙覆蓋。

28 中心左右間隔7cm做壓線，共5條，如圖示。

29 取3.8cm織帶對折，包覆B4內口袋布上方，一同壓線0.2cm。

30 中心下2cm車縫魔鬼粘固定。

31 另一片B1裡袋身，中心下18.5cm車縫另一片魔鬼粘。

32 由外側算進7cm，捏起7cm，壓線0.2cm，完成另一邊。

33 將2側疏縫0.3cm固定，完成內口袋。

34 與步驟25正對正，中心相對車縫一圈，完成裡袋身的組合。

35 將完成的表袋身，於後袋身上依紙型位置先手縫背帶下方固定。

36 表袋身與裡袋身背對背，中心相對，縫份重疊車縫圓弧處固定。

37 袋口藏針縫，依紙型位置手縫背帶上方固定。

38 依圖示固定皮標。

39 完成。

材料 Materials 紙型Ⓐ面

用布量：表布（厚尼龍布）3尺、裡布（尼龍布）7尺

其他配件：30cm拉鍊3條、32.5cm雙頭拉鍊1條、65cm雙頭拉鍊2條、3.8cm織帶7尺（35cm 2條、55cm 2條、6cm 2條）、2.5cm織帶30cm 1條、魔鬼粘5cm 1條、人字帶23尺、3.8cm日型環2個、3.8cm三角鋅環2個、圓弧鉤釦座2組、15mm平面壓釦1組、細棉繩10尺、10mm雞眼釦4組、皮片鑄鐵1組

裁布（以下尺寸及紙型皆已含0.7cm縫份）

（此次示範布料皆為尼龍布不需燙襯，以下尺寸皆為粗裁的部分，待完成時再依紙型修剪四角弧度）

表布（厚尼龍布）			
F1 前袋身（上）	32.5×14.5	1片	
F2 前口袋布	32.5×31.5	1片	
F3 前拉鍊口布	66.5×3.5	2片	
F4 前袋底	74.5×7	1片	
F5 後袋身（上）	32.5×8	1片	
F6 後口袋布	32.5×31	1片	
F7 後袋身（下）	32.5×3.5	1片	
F8 後拉鍊口布	66.5×6	2片	
F9 後袋底	74.5×12	1片	
F10 包繩布	2.5×150	2條（斜布條）	
F11 持手固定布	6.5×11	1片	
F12 背帶布	依紙型	4片（單膠棉依紙型不含縫份8片、洋裁襯依紙型4片）	
F13拉鍊擋布	4×5	4片	

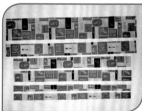

裡布（尼龍布）			
B1 前袋身（下）	32.5×33	1片	
B2 前口袋裡布	32.5×31.5	1片	
B3 前袋身前裡布	依紙型	1片（單膠棉依紙型不含縫份2片、洋裁襯依紙型1片）	
B4 前袋身後裡布（上）	32.5×8	1片	
B5 前袋身後裡布（下）	32.5×36	1片	
B6 前袋身後口袋布	32.5×34.5	2片	
B7 貼式口袋	40.5×28	1片	
B8 前拉鍊口布	66.5×3.5	2片	
B9 前袋底	74.5×7	1片	
B10 後袋身裡布（下）	32.5×34	1片	
B11 後口袋裡布	32.5×31	1片	
B12 後袋身前裡布	依紙型	1片	
B12 -1 後袋身後裡布	依紙型	1片（單膠棉依紙型不含縫份2片、洋裁襯依紙型1片）	
B13 筆電擋布	36.5×62	1片（牛筋襯＋單膠棉＋洋裁襯36.5×31各1片）	
B14 後拉鍊口布	66.5×6	2片	
B15 後袋底	74.5×12	1片	

製作 How To Make

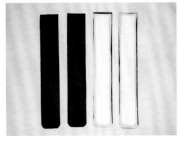

1 前製作業：F12背帶布、B3前袋身前裡布、B12-1後袋身後裡布，先將布料＋單膠棉＋洋裁襯三片重疊於洋裁襯這面整燙，並依紙型裁剪。

2 F11持手固定布於6.5cm處正面對折，於11cm處車縫0.7cm。

3 縫份倒向中間兩側倒開，其一端車縫0.7cm。

4 由另一端翻回正面，三周壓線0.2cm。

5 置於35cm的3.8cm織帶的中心點。

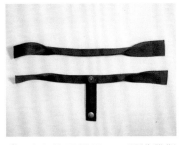

前袋身製作

6 中心往兩側各8cm將織帶對折車縫0.2cm為持手，依圖示位置打上平面壓釦（為前持手）；另一條直接對折車縫（為後持手）。

7 F2前口袋表布袋口中心下5cm手縫皮片。

8 F2前口袋表布與B2前口袋裡布正面相對夾車30cm拉鍊。

9 翻回正面壓線0.2cm。

10 B1前袋身（下）與F1前袋身（上）正面相對夾車30cm拉鍊另一側。

11 於F1背面布邊下2.3cm畫出反折記號線。

12 依記號線反折，由反折線上1.5cm壓一道固定線，再依紙型修剪四周弧度。

13 與B3前袋身前裡布（有燙棉）背面相對四周疏縫。

14 袋身車縫包繩一圈（參閱「部份縫9」）。

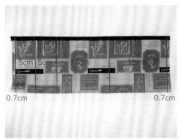

15 前持手背面朝上疏縫於袋口中心往兩側各4.5cm。

前袋身後裡布製作

16 B7貼式口袋於28cm處背面對折，折雙邊為袋底。

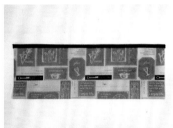

17 布邊對齊以2cm人字帶對折包覆壓線0.7cm。

18 於正面（依圖示）劃出記號線。

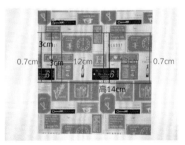

19 B6前袋身後口袋布依圖示劃出記號線。

20 B7重疊於B6上，記號線對齊車縫固定線。

21 脇邊布邊對齊。

22 口袋多餘布料倒向兩側，袋底車縫0.2cm。

23 取另一片B6前袋身後口袋布夾車30cm拉鍊。

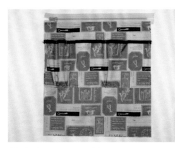

24 翻回正面壓線0.2cm。

25 B5前袋身後裡布（下）與B4前袋身後裡布（上），正面相對夾車30cm拉鍊另一側。

26 縫份倒向B4壓線0.2cm。

27 與B12後袋身前裡布背面相對四周疏縫，並依紙型修剪弧度。

電腦擋布製作

28 完成筆電擋布（參閱「部份縫8」），車縫於B12-1後袋身後裡布袋口下7.5cm。

背帶布製作

29 取6cm的3.8織帶，置於F12背帶布正面上方，需持出2cm。

30 將2片F12背帶布正面相對，車縫織帶處1cm即可。

壓線0.5cm　　三周疏縫

31 再翻回正面三周疏縫。

32 2cm人字帶對折整燙包覆布邊車縫0.7cm，起頭／結束點需多留1cm做收邊處理。

33 55cm的3.8cm織帶先套入日型環再套入三角鋅環再反折回日型環，可（參閱「部份縫4」）。

34 3.8織帶反折2cm車縫於背帶布的圓弧邊上3cm，並於上／下端各打上2顆雙面鉚釘，位置如圖示，再完成另一條背帶布。

持出1cm　6cm　6cm　持出1cm

35 車縫於B10後袋身裡布（下），袋口中心兩側各6cm，並需持出1cm。

後袋身製作

30cm單頭拉鍊 背面朝上

36 將30cm單頭拉鍊正面以水溶性膠帶固定於F6後口袋表布上方，下方則是30cm雙頭拉鍊，皆背面朝上。

37 取B11後口袋裡布與F6正面相對車縫上／下拉鍊。

38 由脇邊翻回正面拉鍊處各自壓線0.2cm。

39 B10後袋身裡布（下）與F5後袋身（上）表布正面相對夾車單頭拉鍊另一側。

40 縫份倒向F5壓線0.2及0.5cm。

41 F7後袋身（下）與B10後袋身裡布（下），夾車雙頭拉鍊另一側。

1.5cm
1.5cm

42 縫份倒向F7壓線0.2cm，並依紙型修剪弧度，再依圖示位置打上4顆10mm雞眼釦。

43 兩側鎖上圓弧鉤釦座，並與已完成的B12-1後袋身後裡布（作法28），背對背四周疏縫，再完成包繩（參閱「部份縫9」），後持手疏縫於袋口中心往兩側各4.5cm。

44 背帶布上端的3.8織帶連同後袋身裡布再車縫一道固定線。

拉鍊口布及袋底製作

45 F3與B8前拉鍊口布正面相對夾車65cm拉鍊。

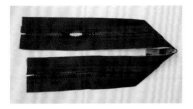

46 翻回正面車縫0.2cm及0.5cm二道壓線，並完成另一側。

47 F13拉鍊擋布於5cm處背面對折，車縫於拉鍊口布兩端。

48 F4及B9前袋底正面相對，夾車已完成的前拉鍊口布兩端。

49 縫份倒向袋底車縫0.2cm及0.5cm二道壓線，後拉鍊口布作法同上。

50 前拉鍊口布與前袋身正面相對，車縫一圈。

51 前拉鍊口布另一側與後拉鍊口布正面相對套合，疏縫一圈。

52 與已完成（作法27）的前袋身後裡布，正面相對車縫一圈。

53 後拉鍊口布另一側與已完成（作法43）的後袋身表布，正面相對車縫一圈。

54 以上所有縫份，皆以2cm人字帶對折包覆車縫0.7cm。

55 完成。

56 背面背帶收納示意。

No.14 終極殺陣

完成尺寸：長32×高43×寬16

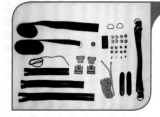

✂ 材料 Materials 紙型 Ⓐ 面

用布量：表布－厚尼龍布5尺（幅寬75cm）、皮革布2尺
裡布－尼龍布4尺

其他配件：拉鍊16cm 1條、25cm 1條、30cm 1條、手提把2條、金屬D型環25mm 4個、彩色壓釦30mm 2組、平面壓釦4組、3cm織帶8尺（背帶（上）15cm 2條＋背帶（下）50cm 2條＋提把30cm 1條＋電腦擋布魔鬼粘擋布30cm 1條＋電腦擋布滾邊條36cm 1條）、2cm黑色人字帶22尺（後袋身130cm＋袋蓋90cm＋背帶90cm 2條＋袋底內滾邊85cm＋圓弧及方型口袋滾邊80cm 2條）、黑色魔鬼粘5cm、束繩擋釦（黑）1個、束繩4尺、細棉繩3尺、8×10雙面鉚釘、皮標1片

裁布（以下尺寸及紙型皆已含1cm或0.7cm縫份，請依作法標示製作）

表布	F1 前袋身	依紙型	1片
（厚尼龍布）	F2 前貼邊	60×3	1片
	F3 後貼邊	依紙型	1片
	F4 袋蓋（上）	依紙型	1片
	F5 袋蓋（中）	依紙型	1片
	F6 袋蓋（後）	依紙型	1片
	F7 圓弧口袋	依紙型	1片
	F8 圓弧口袋上側身	31.5×3	1片
	F9 圓弧口袋包繩布	70×2.5	1條（斜布紋）
	F10 方型口袋	依紙型	1片
	F11 背帶布	依紙型	4片（單膠棉不含縫份及洋裁襯依紙型 各4片）
	F12 袋身壓釦擋布	7×18.5	2片
	F13 袋蓋D型環擋布	5×10	2片
	F14 袋蓋25cm拉鍊擋布	3×3	2片

黑色皮革布	F15 後袋身	依紙型	1片（單膠棉不含縫份及洋裁襯依紙型 各1片）
	F16 袋蓋（下）	左／右	各1片（厚布襯）
	F17 圓弧口袋貼式口袋	14.5×19	1片
	F18 圓弧口袋下側身	32.5×4.5	1片
	F19 方型口袋下裝飾布	粗裁21×8	1片
	F20 前袋身下裝飾布	粗裁64×6	1片
	F21 袋底	依紙型	1片（厚布襯不含縫份、洋裁襯依紙型 各1片）
	F22 前袋身滾邊條	60×2.5	1片
	F23 袋底包繩布	65×2.5	1條（斜布紋）

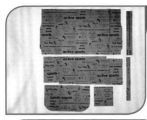

裡布	B1 前袋身	依紙型	1片
（尼龍布）	B2 後袋身	依紙型	1片
	B3 袋蓋25cm拉鍊裡布	粗裁32×19	2片
	B4 圓弧口袋裡布	依紙型	1片
	B5 圓弧口袋貼式口袋裡布	14.5×14	1片
	B6圓弧口袋上側身裡布	31.5×3	1片
	B7圓弧口袋下側身裡布	32.5×4.5	1片
	B8 方型口袋裡布	依紙型	1片
	B9 袋底裡布	依紙型	1片
	B10 筆電擋布	40×50	1片（單膠棉及牛筋襯、洋裁襯40×25各1片）
	B11束口布	48×19	2片

⚙ 製作 How To Make

圓弧口袋製作

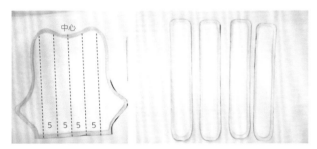

1 F15後袋身及F11背帶布將棉襯整燙完成。後袋身可先行壓棉（如圖示）。

2 取F17及B5圓弧口袋貼式口袋兩片正面相對車縫14.5cm處。

3 縫份倒向B5壓線0.2cm。

4 由背面對折布邊對齊，並疏縫於F7圓弧口袋表布。

5 修剪多餘的布料。

6 完成包繩（參閱「部份縫9」）。

7 F8及B6圓弧口袋上側身正面相對，夾車30cm拉鍊。

8 翻回正面壓線0.2cm。

9 F18及B7圓弧口袋下側身正面相對夾車30cm拉鍊兩端。

10 縫份倒向下側身壓線0.5cm，兩側布邊疏縫。

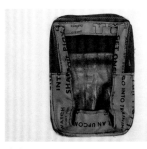

11 與F7圓弧口袋表布正面相對布邊對齊疏縫一圈。

12 取B4圓弧口袋裡布正面相對車縫一圈，袋底需留8cm返口。

13 四周弧度需剪牙口再由返口處翻回正面，返口以藏針縫手縫固定。

14 2cm人字帶對折包覆布邊車縫固定。

15 貼式口袋袋口下1.5cm打上平面壓釦。

方型口袋製作

16 將F19方型口袋下裝飾布與F10方型口袋表布正面相對固定於袋底上6cm處，車縫一道1cm固定線。

17 F19翻回正面，倒向下壓線0.5cm，並依紙型剪掉多餘的布料。

18 F10及B8分別於背面依紙型位置，畫出拉鍊記號線，B8為正向劃線、F10為反向（如圖示）。

19 如開一字拉鍊方式將中間線條剪開。

20 於拉鍊記號線外側貼上一圈水溶性膠帶。

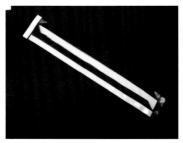 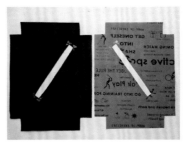 

21 將拉鍊縫份往外倒黏貼固定。　**22** 完成B8。　**23** 將16cm拉鍊正／反面皆黏上水溶性膠帶。

24 黏貼於F10及B8中間。　**25** 四周車縫0.2cm。　**26** F10及B8各自於背面車縫打角線。

前袋身製作

27 縫份兩側倒開，四周疏縫一圈，再以2cm人字帶對折包覆布邊車縫固定。　**28** F20前袋身下裝飾布與F1前袋身正面相對固定於袋底上4cm處，車縫一道1cm固定線。　**29** 翻回正面，倒向下壓線0.5cm，並依紙型剪掉多餘的布料。

30 袋身中心線往兩各1.5cm，由袋底上2cm，（右側）劃出圓弧口袋依（不含縫份的紙型）、（左側）方型口袋（13×19）記號線。　**31** 先將圓弧口袋對齊記號線車縫0.2cm一圈。　**32** 完成另一側方型口袋。

33 F12袋身壓釦擋布於7cm處正面對折車縫18.5cm處。

34 縫份攤開倒向兩側，將其一端車縫1cm，另一端不車留為返口。

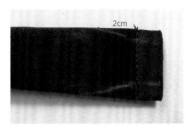

35 依圖示車縫固定線。

36 將縫份修剪剩0.3cm。

37 由返口處翻回正面，返口處縫份內折1cm，四周壓線0.2cm一圈。

38 於正面依圖示位置打上平面壓釦蓋。

39 將壓釦擋布依紙型位置車縫於前袋身。

40 再依圖示位置打上2顆平面壓釦座。

41 完成另一側。

袋蓋製作

42 F13 D型環擋布將兩側布邊反折倒向中間，兩側壓線0.2cm長度5cm即可（如圖示）。

43 將D型環由壓線端套入並於3cm反折，貼進D型環車縫一道固定線。

44 置於F16前袋蓋（下），布邊對齊車縫5cm的U型壓線，完成另一片前袋蓋（下）。

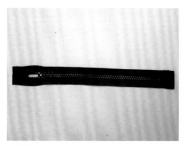

45 F14拉鍊擋布與25cm拉鍊兩端正面相對車縫1cm，翻回正面壓線0.5cm。

46 F5袋蓋（中）與B3袋蓋拉鍊裡布正面相對夾車25cm拉鍊，縫份0.7cm。

47 翻回正面壓線0.2cm。

48 F4袋蓋（上）與另一片B3袋蓋拉鍊裡布正面相對夾車25cm拉鍊另一側，縫份0.7cm。

49 縫份倒向F4壓線0.2cm。

50 三周疏縫修剪多餘的裡布。

51 將完成的F13與袋蓋（中）左／右下端布邊對齊車縫固定縫份1cm。

52 縫份倒向F5兩側先疏縫。

53 與F6袋蓋（後）背對背四周疏縫固定，F13與F5的接合線處，於F5車縫0.2cm及0.5cm二道壓線。

54 以2cm人字帶對折包覆三周布邊（平口處不車）車縫固定，於F5依圖示位置再打上皮標。

束口布製作

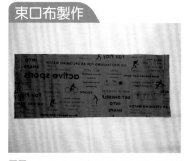

55 B11束口布兩片正面對車縫兩側19cm處縫份2cm，預留5cm不車為束繩口處。

56 將縫份倒向兩側。

57 縫份反折1cm再1cm。

58 於正面壓線0.7cm。

59 於束繩口處布邊反折1cm再2cm，正面壓線1.5cm。

前袋身組合

60 B1前袋身裡布與F2前貼邊正面相對夾車束口布，起／迄點預留1cm不車。

61 縫份倒向F2壓線0.2cm，起／迄點預留1cm不壓線。

62 束口布起／迄點處剪牙口。

63 與已完成的前袋身（作法41）背面相對，袋口布邊對齊先疏縫再取F22前袋身滾邊條對折包覆布邊車縫1cm。

後袋身組合

64 完成B10筆電擋布（參閱「部份縫8」）。車縫於B2後袋身袋底上2cm。

65 束口布（背面）與B2後袋身（正面）中心點及布邊對齊。

66 F3後貼邊與B2後袋身夾車束口布（注意兩側不要車到前袋身）。

67 縫份倒向F3壓線0.5cm。

68 取30cm的3cm織帶由中心往兩側各9cm對折車縫固定線，並於兩側打上雙面鉚釘。

69 依紙型位置車縫3cmⅡ型固定線。

70 袋蓋背面朝上依紙型位置疏縫固定位。

71 將前／後袋身裡布兩側脇邊先行車縫固定（需車縫到電腦擋布）。

72 再與F15後袋身背面相對四周疏縫固定。

73 剪一段33cm的3cm織帶，固定於袋蓋位置上2cm處，織帶上／下各壓線0.2cm。

74 後袋身三周（袋底不用）布邊以2cm人字帶對折包覆車縫固定。

75 F21袋底皮革布與B9袋底裡布背面相對疏縫一圈，再完成包繩弧度邊即可，平面不用（參閱「部份縫13」）。

76 袋身翻到背面，前袋身先與袋底車縫固定，布邊以2cm人字帶對折包覆車縫固定。

77 再車縫後袋身布邊以2cm人字帶對折包覆車縫固定，頭尾人字帶需反折收邊。

背帶製作

78 完成背帶（參閱「部份縫12」）。

79 取15cm的3cm織帶穿入彩色壓釦（上）。

80 置於背帶布正面方型弧度邊進2cm（如圖示），再由織帶邊進2cm車縫固定線。

81 另一側織帶反折對齊2cm車縫線。

82 再將織帶反折車縫3cm正方型的固定線手提把。

83 手提把剪成二等份依（圖示位置），分別於手提把及背帶布以斬刀打孔。

84 將手提把背面朝上套入25mm D型環，固定於背帶布。

85 提把環釦布依紙型位置手縫固定，再打上雙面鉚釘加強固定。

86 將50cm的3cm織帶其一端套入彩色壓釦（下釦），並於織帶前端布邊折三折車縫固定。

87 將50cm織帶另一端車縫於前袋身兩側2×4cm固定線（位置如圖示）。

88 反折打上雙面鉚釘固定。

89 將束繩穿入束口布一圈，再釦上束繩擋釦。

90 完成。

✂ 材料 Materials 紙型 D 面

用布量：表布2尺、裡布3尺（格子布）

其他配件：拉鍊30cm1條、皮標1個、細棉繩2尺、人字帶6尺、魔鬼粘6cm長1組、3.8cm織帶7尺、2.5cm織帶3尺、2.5cm旁開釦2個、織帶用皮片2個、3.8cm塑膠口型環2個、3.8cm塑膠日型環1個、8×10鉚釘8顆、6×6鉚釘4顆、8×8鉚釘2顆

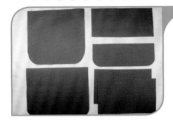

裁布（以下尺寸及紙型皆已含0.7cm縫份）

表布	F1 後袋身	依紙型	1片（厚布襯）
	F2 前上袋身	36.5×16.5	1片（厚布襯）
	F3 前下袋身	依紙型	1片（厚布襯）
	F4 袋蓋上片	31×19.5	2片（厚布襯1片、洋裁襯1片）
	F5 袋蓋	依紙型	1片

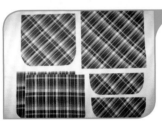

裡布	B1 袋蓋下片	依紙型	2片（厚布襯1片、洋裁襯1片）
（格子布）	B2 袋蓋	依紙型	1片（洋裁襯）
	B3 裡袋身	依紙型	2片（厚布襯）
	B4 內口袋	39×36	1片（洋裁襯）

🧵 製作 How To Make

1 F3前下袋身與F1後袋身車縫褶子，褶尖打結處理。

2 褶子一片倒向外側，一片倒向內側，疏縫0.3cm。

3 裁2.5×37cm（斜布紋）包繩布，夾車細棉繩，固定F3前下袋身。

4 與F2前上袋身正面相對，車縫0.7cm。

5 縫份倒向下，正面壓線0.5cm。

6 取2.5cm織帶與人字帶重疊車縫2側0.2cm，剪24cm長2段，14cm長2段備用。

7 取24cm長的織帶，分別依紙型位置車縫F3前下袋身上固定。

8 套入旁開釦（下方），尾端折入1cm，再1cm，藏針縫固定。

9 B1袋蓋下片與30cm拉鍊正面相對，中心相對（厚布視為正面），一同車縫0.7cm。

10 縫份倒向下，一同壓線0.5cm。

11 取F4袋蓋上片，以相同方法，夾車拉鍊上方。

12 縫份倒向上，一同壓線0.5cm。

13 依圖示位置釘皮標。

14 外圍疏縫一圈0.3cm。

15 取14cm長的織帶，分別依紙型位置，車縫F5袋蓋上（正面）固定。

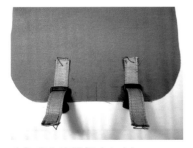

16 套入旁開釦（上方）。

17 上方多出2cm的織帶往內折，車縫固定。

18 F5袋蓋的旁開釦完成。

19 鉚釘（8×8）固定。

20 將完成的F5袋蓋＋B2袋蓋，背對背，再疊上步驟14，疏縫0.3cm一圈固定。

21 U型處包覆人字帶，車縫0.2cm，袋蓋完成。

22 袋蓋置於F1後袋身袋口下10cm，與38cm長的3.8cm織帶重疊1cm，車縫織帶2側0.2cm。

23 剪17cm長的3.8cm織帶，如圖示車縫魔鬼粘0.2cm一圈。

24 F2前上袋身袋口下2cm，車縫另一片魔鬼粘0.2cm一圈。

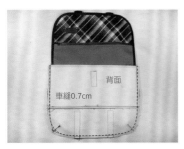

25 將完成的前後袋身正面相對，車縫0.7cm，袋口不車。

26 翻回正面。

27 F1後袋身正面中心處與步驟23（5cm那頭）疏縫0.3cm，織帶持出1cm。

28 織帶另一端先折1cm，再折1cm，車縫一圈固定。

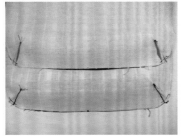

29 B3裡袋身分別車縫褶子，一片倒向外側，一片倒向內側，疏縫0.3cm。

30 B4內口袋依圖示車縫人字帶，2側壓線0.2cm。

31 對折，落差0.5cm，車縫2側0.7cm。

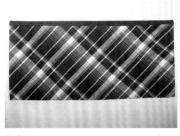

32 翻回正面整燙，完成滾邊折式口袋。（詳細作法請參閱「部份縫1」）

33 將口袋置於裡袋身中心下22cm處，正對正，車縫0.7cm。

34 往上翻，整燙，車縫中心線，及凵字型固定。

35 將2片裡袋身正面相對，車縫0.7cm，留返口約15cm不車。

返口15cm

36 表裡袋身正面相對套合，車縫袋口0.7cm。

37 利用返口翻回正面，袋口壓線0.5cm，返口藏針縫。

38 皮片套入3.8cm塑膠口型環。

39 打鉚釘（8×10）固定於側面。

40 將剩餘的3.8cm織帶套入口型環、日型環，完成背帶。（請參閱「部份縫4」的作法）

41 背帶另一端折入1cm，車縫固定。

42 完成。

材料 Materials 紙型 D 面

用布量：防水布2尺、8號帆布3尺、裡布4尺

其他配件：20cm拉鍊1條、25cm拉鍊1條、35cm拉鍊1條、3.8cm 織帶11尺、3.8cm日型環2個、3.8cm口型環2個、細棉繩 9尺、插釦2組、6×6雙面鉚釘、8×8雙面鉚釘、PE底板 32×13cm、鬆緊帶12cm 2條、皮標1片

裁布（以下尺寸及紙型皆已含0.7cm縫份）
（本次示範使用 8 號帆布不需燙襯，若使用其他布料，以下代號布料則 需燙厚布襯 F5、F6、F6-1、F7、F7-1、F8、F8-1、F10）

表布	F1 袋蓋表布	依紙型	1片（厚布襯）
（防水布）	F2 前口袋表布	42×19	1片（洋裁襯）
	F3 後袋身口袋（表）	37×19	1片（洋裁襯）
	F3-1 後袋身口袋（裡）	37×19	1片
	F4 筆耳	14×4	1片
表布	F5 袋蓋裡布	依紙型	1片
（8 號帆布）	F6、F6-1 前／後袋身	依紙型	2片
	F7、F7-1 袋身貼邊	依紙型	2片
	F8、F8-1 側身貼邊	依紙型	2片
	F9 前口袋裡布	42×22	1片
	F10 側身	依紙型	1片
	F11 包繩布	2.5×約260	1條（斜布紋）

裡布	B1、B1-1 前／後袋身	依紙型	2片（洋裁襯）
	B2 側身	依紙型	1片（洋裁襯）
	B3 拉鍊夾層裡布	依紙型	4片
	B4 25cm拉鍊裡布	30×35	1片（洋裁襯）
	B5 PE底板擋布	28×15	1片
	B6 鬆緊帶口袋	20×35	1片

製作 How To Make

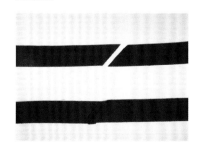

1 先將F11包繩布條接合（參閱「部份縫14」）為90cm 1條及85cm 2條。

2 F1 袋蓋表布三邊車縫包繩（參閱「部份縫13」），頭尾端不需收尾。

3 取F5袋蓋裡布正面相對車縫三周U型，平口處不車做為返口。

4 兩側弧度處需剪牙口。

5 由返口處翻回正面壓線0.5cm，中心兩側各7cm處手縫插釦。

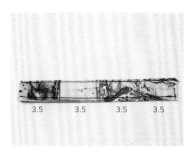

6 F4筆耳布於4cm處背面對折上下壓線0.1cm，並每隔3.5cm劃出記號線。

7 F6前袋身依圖示劃出筆耳記號線。

8 筆耳3.5cm記號線與表布2cm記號線對齊，車縫固定完成筆耳。

9 F2前口袋表布與F9前口袋裡布正面相對，車縫42cm處，縫份1cm。

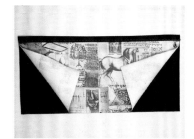

10 將F2與F9背面相對，底部對齊，袋口處為1cm的假滾邊條，並壓線0.8cm。

11 依指定位置縫上插釦底座，並置於F6前袋身中心線對齊再車縫固定並打上雙面鉚釘加強，袋口上1.5cm打上皮標。

12 將前口袋與F6兩側脇邊布邊對齊，前口袋多餘的布料倒向中心線，疏縫三邊再依前袋身兩側弧度剪去多餘的布料。

13 車縫包繩（參閱「部份縫13」）。

14 F3及F3-1後袋身口袋左側夾車20cm拉鍊，拉鍊頭置中頭擋布需做收邊處理。

15 翻回正面壓線0.2cm。

16 置於F6-1後袋身底部布邊對齊。

F3
F3-1

17 將F3翻起，依拉鍊頭為基準，將F3-1及後袋身車縫一道固定線為口袋的分隔線。

18 三邊疏縫修剪多餘布料，並於拉鍊頭下方打上8×8鉚釘加強。

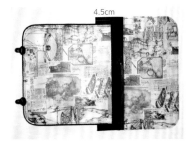

4.5cm

19 完成的袋蓋先疏縫於後袋身袋口下4.5cm。

↑包繩

20 3.8cm織帶37cm長以水溶性膠帶固定於後袋身袋口下5cm處，覆蓋拉鍊及袋蓋的布邊，車縫兩側0.2cm，再車縫包繩（參閱「部份縫13」）。

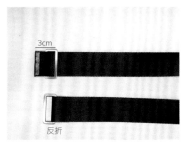

3cm
反折

21 剪一段84cm的織帶，兩端反折3cm套入3.8口型環。

22 以水溶性膠帶固定於F9側身袋口下4cm處，中心線對齊車縫織帶四周0.2cm。

23 側身與前袋身接合。

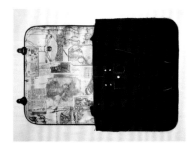

24 與後袋身接合（兩側縫份倒向側身）。

25 取B3拉鍊夾層裡布2片夾車25cm拉鍊，頭擋布需做收邊處理。

26 依圖示車縫至止點處。

27 兩側弧度皆需剪牙口，止點處弧度依0.7縫份線折燙，拉鍊頭縫份修剪。

28 翻回正面壓線0.2cm。

29 完成另一側。

30 F7袋身貼邊與B1裡前袋身正面相對車縫1cm，縫份倒向F7壓線0.2cm。

31 F7-1袋身貼邊與B1-1裡後袋身完成25cm拉鍊口袋（參閱「部份縫7」）。

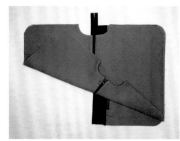

32 將完成的拉鍊夾層裡布分別與裡前／後袋身重疊並疏縫。

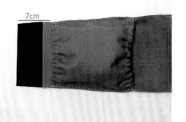

33 F8與F8-1側身貼邊分別置於B2裡側身兩端正面相對車縫固定，縫份倒向B2壓線0.2cm。

34 B5 PE底板擋布兩端15cm處反折1cm，正面壓線0.7cm。

35 置於側身中心點對齊兩側疏縫固定。

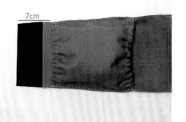

36 完成B6側身口袋（參閱「部份縫11」），疏縫於側身袋口下7cm。

37 側身分別與前／後裡袋身接合（縫份倒向袋身），其中一側袋底需留15cm返口。

38 將35cm尾擋布車縫於側身中心點。

39 表／裡袋身正面相對套合，車縫袋口一圈（注意縫份倒向位置），再由返口處翻回正面，袋口壓線0.5cm。

40 將其餘的3.8cm織帶套入2個日型環。

41 織帶兩側分別由外往內套入側身口型環，再固定（參閱「部份縫4」）。

42 返口處以藏針縫手縫固定，再將PE底板塞入袋底擋布內。

43 完成。

No.17 賞心悅目

長35×寬10×高45（反折32）

材料 Materials 紙型 Ⓒ 面

用布量：8號帆布2色各2尺、尼龍布3尺

其他配件：46cm皮革雙頭拉鍊1條、20cm拉鍊2條、硬襯29cm×26cm1片、皮持手1組、3.8cm織帶150cm 1條＋33cm 1條＋40cm 1條、皮標1片、問號勾2個、3.8cm日型環1個、側邊吊環2組、魔鬼粘5cm 1組、2cm織帶40cm 1條＋30cm 2條、PE底板10cm×35cm 1片、金屬腳釘4顆、拉鍊皮片2片、平面壓釦2組、人字帶2尺

裁布（以下尺寸及紙型皆已含1cm縫份）

※燙襯説明：本作品示範使用8號帆布不需燙襯，若使用其他布料，則依以下（　）內標示襯類整燙。

表布（8號帆布）-墨綠	F1 袋身	依紙型	左／右各1片（厚布襯）
	F2 貼邊	依紙型	1片（厚布襯）
	F3 脇邊20cm拉鍊裡布	依紙型	1片（洋裁襯）
	F3-1 脇邊20cm拉鍊底布	依紙型	1片（洋裁襯）

表布（8號帆布）-灰白	F4 袋身	依紙型	左／右各1片（厚布襯）
	F5 貼邊	依紙型	1片（厚布襯）
	F6 20cm一字拉鍊裡布	25×45	1片（洋裁襯）
黑色皮革布	F7 袋底	37×12	1片（厚布襯不含縫份＋洋裁襯燙滿）

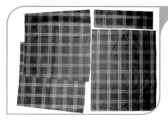

裡布（尼龍布）	B1 前／後袋身	依紙型	2片
	B2 袋底	37×12	1片
	B3 筆電擋布	40×52	1片（牛筋襯＋單膠棉＋洋裁襯40×26各1片）

製作 How To Make

 將F3與F1左側袋身正面相對依紙型記號線對齊，於F3背面劃出20cm拉鍊記號線並車縫固定。

2 依記號線留下1cm縫份剪去其餘布料。

3 直角處剪牙口。

4 將拉鍊裡布翻回至袋身背面
整燙。

5 20cm拉鍊置於袋身下方脇邊
對齊，三邊壓線0.2cm。

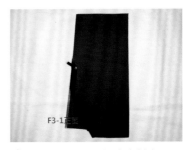
F3-1正至
6 將F3-1置於下方脇邊對齊。

7 脇邊疏縫固定。

8 2片裡布三周車縫固定。

9 與F1右側袋身正面相對車縫
中心線1cm。

10 縫份兩側燙開，各自壓線
0.5cm。

11 F4袋身2片正面相對車縫中心
線1cm。

12 縫份兩側燙開，各別壓線
0.5cm。

13 依紙型位置完成20cm一字拉
鍊（參閱「部份縫2」）。

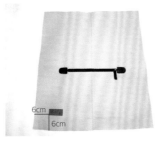
6cm
6cm
14 將拉鍊皮片分別縫於拉鍊2
端，皮標如圖示位置固定。

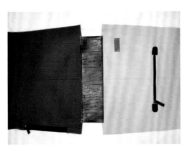
15 F1及F4袋身底部分別與F3袋
底接合，縫份倒向袋底壓線
0.5cm。

16 袋身正面相對車縫脇邊，縫份兩側燙開。

17 打底角後即完成外袋身。

18 完成筆電擋布（參閱「部份縫8」），固定於B1後袋身中心點底部對齊，兩側布邊以30cm人字帶覆蓋兩側壓線0.2cm。

19 裡袋身接合方式同表袋身接合方式（作法16~18），側身留20cm返口。

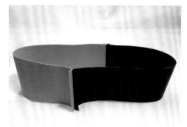

20 F2及F5貼邊兩片正面相對車縫兩側縫份燙開。

21 與裡袋身正面相對車縫一圈。

22 縫份倒向裡袋身壓線0.5cm。

23 46cm雙頭拉鍊依圖示先與表袋身疏縫。

24 另一側作法同上。

25 表／裡袋身正面相對套合，車縫袋口一圈。

26 由返口翻回正面，袋口整燙，壓線0.5cm。

27 將側邊吊環螺絲鬆開。

28 脇邊由袋口下14cm固定側邊吊環。

29 於拉鍊尾擋皮片打上平面壓釦蓋，再由袋口下2.5cm打上平面壓釦座。

30 依紙型位置縫上持手。

31 完成背帶（參閱「部份縫4」）。

32 由返口置入PE底板，再以藏針縫固定返口，袋底依圖示位置打上金屬腳釘。

33 完成。

NO.18

彎月包

完成尺寸：長40×高23×寬10

用布量：表布3尺、裡布3尺

其他配件：33cm拉鍊（3cm寬／袋口用）、25cm拉鍊（3cm寬／袋身用）、四合釦2組、皮標1個、包繩5尺、3.8cm日型環1個、3.8cm口型環1個、3.8cm織帶7尺、人字帶2尺、魔鬼粘5cm長1組、6×6鉚釘4個

裁布（以下尺寸及紙型皆已含0.7cm縫份）

皮革布			
F1	前上袋身	依紙型	1片（厚布襯）
F2	前下袋身	依紙型	1片（厚布襯）
F3	後袋身	依紙型	1片（厚布襯）
F4	袋蓋	26.5×12.5	1片（厚布襯25×10）
F5	前口袋	38×14.5	1片（厚布襯）
F6	拉鍊口布	35.5×5.5	2片（厚布襯）
F7	袋口拉鍊擋布	依紙型	2片（厚布襯）
F8	拉鍊頭尾擋布	6.5×3	4片
F9	前口袋掛耳	6.5×4	2片（洋裁襯）
F10	側身	依紙型	1片（厚布襯）
F11	包繩	2.5×67	2條（斜布紋）

裡布			
B1	前上袋身	依紙型	1片（洋裁襯）
B2	前下袋身	依紙型	1片（洋裁襯）
B3	裡袋身	依紙型	3片（厚布襯2片、洋裁襯1片）
B4	前口袋	38×14.5	1片（洋裁襯）
B5	拉鍊口布	35.5×5.5	2片（厚布襯）
B6	袋口拉鍊擋布	依紙型	2片（厚布襯）
B7	側身	依紙型	1片（厚布襯）
B8	內口袋	42×32	1片（洋裁襯）

製作 How To Make

1 F9前口袋掛耳於長邊處分別對摺1cm，正面壓線0.5cm。正面中心處釘四合釦（凸）固定。

2 依圖示固定F5前口袋正面處。

3 與B4前口袋正面相對，車縫3邊0.7cm。

4 翻回正面，上方壓線0.2cm。

5 中心線左右各2.5cm車縫0.2cm。

6 褶子倒向中心線，往下4cm依圖示車縫固定。

7 外側進4cm，車縫0.2cm，並依圖示固定皮標。

8 將口袋固定F2前下袋身中心處，下方布邊對齊，車縫中心線固定。

9 外側折入2.5cm，正面車縫0.2cm。

10 下方疏縫0.2cm，其餘布料修剪，口袋完成。

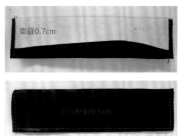

11 上下拼圖／11.F4袋蓋對折，差距0.5cm，車縫兩側0.7cm。翻回正面，ㄩ字型壓線0.5cm。

12 袋蓋固定口袋上1.5cm處，車縫0.5cm。

13 袋蓋往下折，壓線0.7cm。

14 袋蓋依圖示釘四合釦（凹）固定。

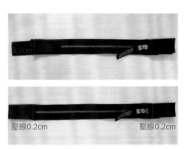

15 F8拉鍊頭尾擋布分別車縫25cm拉鍊2端，0.7cm。正面壓線0.2cm。

16 步驟14與B2前下袋身正對正，一同夾車拉鍊0.7cm。

17 縫份倒向B2前下袋身，正面壓線0.2cm。

18 F1前上袋身＋B1前上袋身，正對正，一同夾車拉鍊0.7cm。

19 縫份倒向B1前上袋身，正面壓線0.2cm。

20 與B3裡袋身（洋裁襯），背對正，疏縫一圈0.2cm。

21 脇邊下4cm疏縫包繩固定。（請參閱「部份縫13」的作法）

22 同方法，F3後袋身疏縫包繩固定。

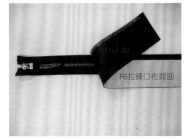

23 F6拉鍊口布與33cm拉鍊，正面相對，中心相對，車縫0.7cm。

24 翻回正面，壓線0.5cm。

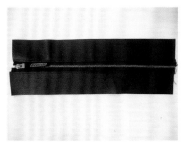

25 同作法，完成另一邊。

26 與F7袋口拉鍊擋布正面相對，車縫0.7cm。

27 正面壓線0.2cm。

28 同作法，完成另一邊。

29 與步驟21正面相對，車縫0.7cm。

30 再與步驟22正面相對，車縫0.7cm。

31 剪一段6cm長的織帶，套入口型環，與剩餘的織帶分別疏縫F7袋口拉錬擋布中心處。

32 與F10側身中心相對，車縫0.7cm，分半圈半圈車縫。

33 袋口拉錬拉開，車縫另外半圈。

34 B5拉錬口布長邊處折燙0.7cm，正面壓線0.5cm，完成另一片。

35 與B6袋口拉錬擋布，正面相對，車縫0.7cm。

36 正面壓線0.2cm。

37 B8內口袋中心線下1.5cm，車縫魔鬼粘。

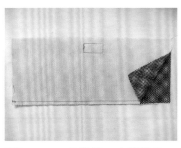

38 32cm處對摺，布邊對齊，車縫下方0.7cm。

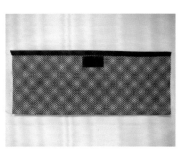

39 翻回正面整燙，折雙處車縫人字帶，壓線0.2cm。

40 外側算進5cm，車縫0.2cm。

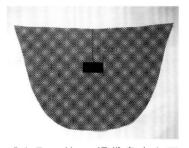

41 取一片B3裡袋身中心下8.5cm，車縫魔鬼粘。

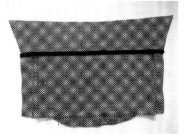

42 將B8內口袋固定步驟41正面處，2側折入2.5cm，車縫0.2cm固定。

43 將多餘布料修剪，口袋完成。

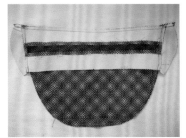

44 步驟43＋步驟36，正面相對，中心相對，車縫0.7cm。

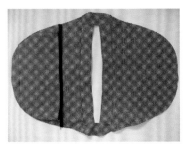

45 同作法，接合另一片B3裡袋身。

46 與表袋身作法相同（步驟32），接合B7側身。

47 裡袋身完成。

48 步驟33＋步驟47，背對背，中心相對，縫份互車固定。

49 織帶套入日型環及口型環，完成背帶。（請參閱「部份縫4」的作法）

50 袋口藏針縫，即完成。

莫逆之交

完成尺寸：長30×高23×寬10

✂ 材料 Materials 紙型 B 面

用布量：表布（素帆布）2尺、裡布3尺

其他配件：30cm雙頭皮革拉鍊1條、20cm皮革拉鍊1條、20cm拉鍊1條、3cm織帶6尺、3.2cm日型環1個、皮革標籤1片、織帶用皮片2組、6×6雙面鉚釘、魔鬼粘5cm 2組、拉鍊皮片2片

裁布（以下尺寸及紙型皆已含0.7cm縫份）

表布（素帆布）	F1 後袋身	41.5×27.5cm	1片（厚布襯）
	F2 前下袋身	41.5×21.5cm	1片（厚布襯）
	F3 前上袋身	41.5×6cm	1片（厚布襯）
	F4 袋蓋（A）	依紙型	1片（厚布襯不含縫份）
	F4-1 袋蓋（A）	依紙型	1片（洋裁襯）
	F5 袋蓋（B）	依紙型左／右	各1片（厚布襯不含縫份）
	F5-1 袋蓋（B）	依紙型左／右	各1片（洋裁襯）
	F6 拉鍊擋布	6.5×3cm	2片
	F7 拉鍊擋布	4.5×3cm	1片
	F8 袋底	31.5×12cm	1片（厚布襯不含縫份）
	F9 袋身貼邊	41.5×5.5cm	2片（厚布襯）

裡布	B1 前口袋裡布（A）	34.5×15cm	1片
	B2 前口袋裡布（B）	34.5×18cm	1片（洋裁襯）
	B3 後袋身20cm 一字拉鍊口袋裡布	25×33cm	1片（洋裁襯）
	B4 前／後裡袋身	41.5×23.5cm	2片（厚布襯）
	B5 20cm拉鍊口袋表布	30×17cm	2片（洋裁襯）
	B6 20cm拉鍊口袋裡布	24×30cm	1片（洋裁襯）

🧵 製作 How To Make

1 F4袋蓋（A）兩側凹處車縫F5袋蓋（B），F4凹處需剪牙口。

2 依袋蓋紙型位置打上皮革標籤（於袋蓋背面皮標位置燙上一片5cm×4cm厚布襯加強）。

3 接合縫份兩側燙開。

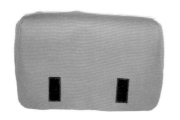

4 F4-1袋蓋（A）與F5-1袋蓋（B）車縫方式同（作法一），也依紙型位置車上5cm魔鬼粘（毛面）。

5 F4與F4-1正面相對車縫四周，依紙型位置留返口，再由返口翻回正面整燙，袋蓋三邊壓線0.5cm返口平面處不壓線。

6 取F6拉鍊擋布車縫於30cm雙頭拉鍊兩端，F7拉鍊擋布兩側3cm處折燙0.7cm。

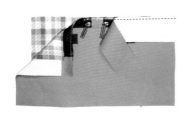

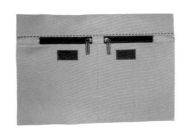

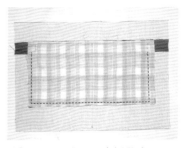

7 置於30cm雙頭拉鍊中心點對齊兩側壓線0.2cm。

8 F2前下袋身依位置車上魔鬼粘（凸面）。

9 F2與B1前口袋裡布（A）夾車30cm雙頭皮革拉鍊，翻回正面壓線0.2cm。

10 F3與B2前口袋裡布（B）再夾車皮革拉鍊另一側。

11 縫份倒向F3壓線0.2cm，及兩側F6拉鍊擋布壓線0.2cm。

12 口袋裡布三周車縫固定。

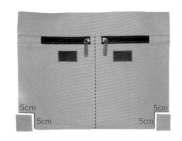

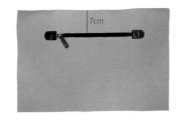

13 由F7拉鍊擋布中心點起至袋底車縫一道固定線，做為拉鍊口袋的隔間線，並於左／右下方各剪掉5cm正方形布料。

14 F1後袋身由袋口下7cm開20cm一字皮革拉鍊口袋（參閱「部份縫2」），再將2片裝飾皮片以迴針縫方式手縫至拉鍊兩側。

15 將完成的袋蓋固定於F1袋口下4cm處中心點對齊，壓2道固定線（0.2cm及0.7cm），左／右下方也各剪掉5cm正方形布料。

16 F8袋底長邊縫份折燙0.7cm。

17 前／後袋身正面相對車縫底部，縫份兩側燙開，再將F8置於底部中心點對齊，兩側各壓2道固定線（0.2cm及0.7cm）。

18 正面相對車縫兩側脇邊，縫份兩側燙開。

19 打底角，即完成表袋身。

20 B5拉鍊口袋表布及B6拉鍊口袋裡布夾車20cm拉鍊，中心點對齊拉鍊頭／尾擋布皆需收邊處理。

21 翻回正面壓線0.2cm長度至拉鍊頭尾擋布即可，另一側作法同上。

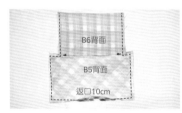

22 B5及B6分別各自正面相對車縫脇邊及底部，B5底部需留10cm返口。

23 由返口處翻回正面整燙，再由先前拉鍊邊壓線的起止點再補0.2cm壓線到脇邊。

24 左／右側脇邊各進3cm車縫立折（請參閱導覽說明）。

25 F9袋身貼邊與B4裡袋身正面相對車縫固定，縫份倒向B4壓線0.2cm，完成另一側袋身。

26 將完成的拉鍊口袋車縫於B4如圖示位置，脇邊壓線0.2cm底部先不車縫。

27 中心點對齊，多餘布料倒向中心，底部再壓線0.2cm。

28 □袋兩側於袋口處可打上 6×6鉚釘加強。

29 完成的前／後裡袋身,同 (作法15)左／右下方也各 剪掉5cm正方形布料。

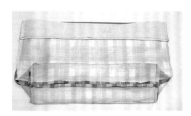

30 前／後裡袋身兩片正面相 對,車縫脇邊及袋底(留返 口15cm),縫份兩側燙開打 底角,再於左／右兩側底角 間,拉一條直線後再壓線 0.2cm,另一側作法相同, 形成袋底。

31 表／裡袋身正面相對套合車 縫袋口一圈,再由返口翻回 正面整燙,袋口車縫兩道壓 線(0.2cm及0.7cm),再於 脇邊袋口下7cm處打上織帶 用皮片,以固定背帶(參閱 「部份縫4」)。

32 完成。

NO.20 三折短夾

完成尺寸：長25×寬12.5

✂ 材料 Materials

用布量：表布1尺、尼龍布2尺

其他配件：透明片7cm×11cm1片、1.5cmD型環1個、1.5cm問號勾
2個、黑色魔鬼粘4cm、20cm古銅拉鍊1條、平面壓釦2
組、1cm人字帶8尺、8×8鉚釘

裁布（以下尺寸及紙型皆已含0.7cm縫份）
（本次示範使用 8 號帆布不需燙襯，若使用其他布料，以下代號 F1、
F2、F3 布料則需燙厚布襯）

表布 （8 號帆布）	F1 上袋身	14.5×11.5	1片
	F2 下袋身	14.5×17.5	1片
	F3 前口袋	17.5×12	1片
	F4 鍊帶	50×3	1片
裡布 （尼龍布）	B1 拉鍊口袋（A）	27×14.5	1片
	B2 拉鍊口袋（B）	23×11	2片
	B3 內貼邊	3×12.5	1片
	B4 信用卡夾層（左）	28×11	1片
	B5 信用卡夾層（中）	65×11	1片
	B6 信用卡夾層裡布	23×13	1片
	B7 前口袋裡布	17.5×7	1片
	B2 口型環擋布	3.5×5	1片

🧵 製作 How To Make

1 透明片11cm處以2條1cm人
字帶上下夾車左／右各壓線
0.2cm。

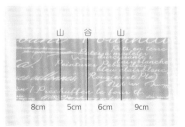

2 B4信用卡夾層（左）依圖示
畫出山／谷線。

3 山線以1cm人字帶於正面左／
右壓線0.2cm。

4 將山／谷線由左側依序摺
疊，再將透明片置於最上方
後，再疏縫三邊。

5 B5信用卡夾層（中）依圖示畫
出山／谷折線。

6 同B4作法將人字帶車縫於山
折線，並完成摺疊。

7 將完成的B4重疊於B5的左側，並疏縫。

8 取B6信用卡夾層裡布正面相對車縫1cm。

9 B6翻至背面底部對齊，再取1cm人字帶置於袋口兩側壓線0.2cm，袋口處為1cm假滾邊條。

10 B2拉鍊口袋（B）兩片正面相對夾車20cm拉鍊。

11 翻回正面壓線0.2cm。

12 B1拉鍊口袋（A）正面四周畫出0.5cm及1cm記號線（如圖示）。

13 將完成的B2拉鍊口袋疊上，對齊左側及下側1cm記號線。

14 再將信用卡夾層重疊上B2。

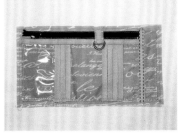

15 B3內貼邊對齊右側1cm記號線，取1cm人字帶覆蓋布邊兩側壓線0.2cm。

16 B8 D型環擋布於兩側對折倒向中心線。

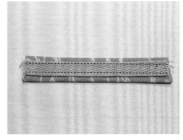

17 取5cm人字帶置中兩側車縫0.2cm。

18 套入D型環對折車縫於20cm拉鍊上方（如圖示）。

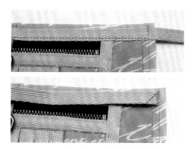

19 取1cm人字帶外側對齊0.5cm記號線，先車縫內側0.2cm一圈。

內側直角車縫（如圖示）。

內側直角車縫（如圖示）。

結尾布邊反折1cm車縫（如圖示）。

20 人字帶外側車縫0.2cm（如圖示）完成裡袋身。

21 F2前口袋表布與B7前口袋裡布正面相對車縫17.5cm處。

22 縫份倒向B7壓線0.2cm，依圖示車縫魔鬼粘（毛面）。

23 正面對折底部布邊對齊，車縫兩側脇邊，底部不車做為返口。

24 由返口翻回正面整燙並依圖示劃出（山／谷線）。

25 依山谷線整燙，山線壓線0.2cm。

26 F1前上袋身袋口下3cm，車縫魔鬼粘（凸面）。

27 前口袋固定於前上袋身，底部中心點對齊兩側進1.5cm壓線0.2cm。

28 與F2下袋身正面相對底部對齊車縫1cm。

29 縫份倒向F2車縫0.2cm及0.7cm二道壓線。

0.7cm　　0.2cm

30 表／裡袋身正面相對（透明片與前口袋為同方向）車縫四周，留15cm返口。

31 將四角縫份剪掉。

32 由返口翻回正面整燙沿邊車縫0.2cm及0.5cm二道壓線。

33 將D型環布往上折車縫2道固定線。

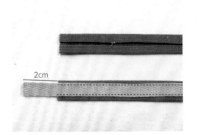

34 將F4鍊帶布於3cm處兩側對折整燙，取人字帶覆蓋住縫份兩側壓線0.2cm，人字帶兩端需多出2cm（如圖示）。

2cm

35 人字帶反折1cm再1cm。

36 套入問號勾打上8×8鉚釘固定。

37 如圖示釘上平面壓釦。

38 勾上問號勾。

39 完成。

NO.21 小而巧

完成尺寸：長24.5×高18.5

材料 Materials

用布量：表布（素帆布）1尺、尼龍布2尺
其他配件：1.5cm鬆緊帶21cm 1條、2cm人字帶15尺、皮革標籤1片、
透明塑膠片10×7.5cm 1片、6×6雙面鉚釘

裁布（以下尺寸及紙型皆已含0.7cm縫份）

素帆布	F1 表袋身	24.5×18.5cm	1片（厚布襯）
尼龍布	B1 裡袋身	24.5×18.5cm	1片
	B2 信用卡夾層布	61.5×11cm	1片
	B3 信用卡夾層裡布	23×18.5cm	1片
	B4 鈔票夾層布	49×18.5cm	1片

製作 How To Make

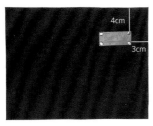

1 F1表布依圖示釘上皮革標籤。

2 B2 信用卡夾層布依山線及谷線劃出記號線。

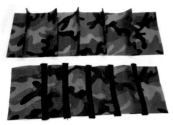

3 尼龍布不可整燙，山線部份可先使用布用口紅膠黏貼固定，再以2cm人字帶對折夾車固定。

4 重疊於B3信用卡夾層裡布左側中心點對齊，車縫右側第一道谷線。

5 將第二層山線人字帶與第一層人字帶併行再車縫第二道谷線。

6 以此類推完成信用卡夾層。

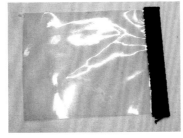

7 人字帶2cm對折夾車透明塑膠片7.5cm處右側。

8 置於信用卡夾層布下方三周疏縫固定。

9 於併合處壓上1cm人字帶，兩側壓線0.2cm。

10 將B3信用卡夾層裡布右側布料背面反折，並於折雙邊以2cm人字帶夾車固定。

11 B4鈔票夾層布山線作法同B2信用卡夾層布。

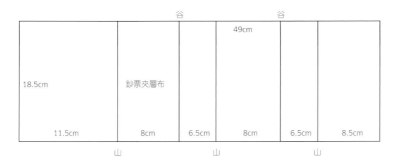

		谷		谷		
18.5cm			49cm			
	鈔票夾層布					
11.5cm	8cm	6.5cm	8cm	6.5cm	8.5cm	
	山		山		山	

12 F1表袋身與B1裡袋身背面相對四周疏縫一圈。

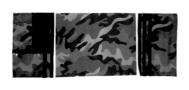

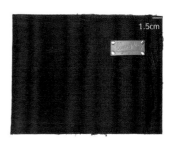

13 將完成的信用卡夾層及鈔票夾層置於B1左／右側。

14 重疊上B1四周疏縫固定。

15 21cm黑色鬆緊帶固定於表布正面右側進1.5cm上／下疏縫固定。
（1.5cm）

（3cm）

布邊對齊

16 剪一段10cm人字帶（筆耳）固定於右側脇邊下3cm布邊對齊。

17 四周以2cm人字帶對折夾車，起止點由筆耳處開始人字帶布邊不需收邊處理。

18 將筆耳翻至裡布正面布邊對齊。

壓線

19 壓線固定。

20 將1.5cm鬆緊帶翻起釘上 6×6雙面鉚釘加強。

21 完成。

NO.22 一手包辦

完成尺寸：長21×高13

✂️ 材料 Materials 紙型Ⓐ面

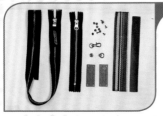

用布量： 皮革布1尺、裡布2尺

其他配件： 18cm拉鍊1條、40cm拉鍊1條、皮標2片、牛筋襯粗裁23×28cm2片、提把皮片20×2cm1條、3.8cm織帶20cm1條、螺絲式鉚釘1組、1.5cm問號勾1個、8×8鉚釘、6×6鉚釘

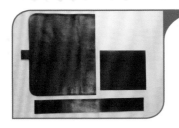

裁布（以下尺寸及紙型皆已含0.7cm縫份）

皮革布			
F1 表袋身	依紙型	1片（厚布襯依F1裁1片、牛筋襯依F4裁1片）
F2 側擋布	16.5×13.5	1片
F3 手腕帶布	4.5×30	1片

裡布		
B1 裡袋身	依紙型外加0.7cm	1片（牛筋襯1片依紙型）
B2 側擋布	16.5×7.5	1片
B3 信用卡夾層布	23×55.5	2片（厚布襯20×8.5cm2片、20×4.5cm8片）
B4 18cm拉鍊口袋布	41×12	2片（一片燙厚布襯、一片不燙襯）

🧵 製作 How To Make

前置作業：1.B3依圖示位置整燙厚布襯。2.先將F1表袋身＋牛筋襯＋厚布襯三層整燙。

1 將20cm的3.8織帶依紙型位置固定於F1表袋身，四周車縫0.2cm。

2 織帶上下端打上皮標。

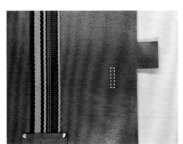

3 依F1紙型提把虛線位置，車縫一圈固定線（針趾2.0）。

4 提把位置由中心線切開，將提把皮片兩側插入。

5 右側車縫兩道固定線。

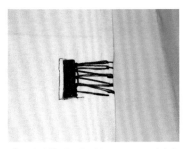

6 左側提把皮片插入1cm，以皮革線4段繞縫固定於布邊（如圖示）。

7 燙上0.7cm厚布襯再車縫固定線。

8 即為可調整式提把。

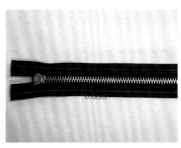

9 拉鍊背面兩側劃出0.6cm記號線。

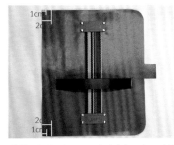

10 表袋身正面左側上／下脇邊進1cm及2cm各劃出記號對齊（如圖示）。

11 拉鍊與表袋身正面相對布邊對齊，頭擋片與1cm記號線對齊。

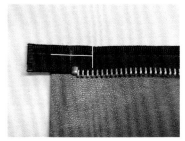

12 從2cm記號線開始車縫固定。

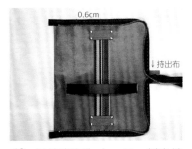

13 至持出布為止，另一側車縫方式同前。

14 拉鍊頭收邊處理。

15 弧度處縫份修剪剩0.3cm。

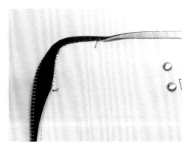

16 以捲針縫固定。

17 表布持出布反折先壓線0.2cm。

18 正面對折車縫脇邊0.7cm，縫份兩側攤開。

19 拉鍊縫份倒向表袋身壓線0.2cm至持出布，另一側車法同前。

20 拉鍊尾部由持出布塞入袋身內。

21 脇邊下1.5cm鎖上螺絲式鉚釘，即完成表袋身。

22 B1裡袋身將拉鍊邊處縫份倒向裡袋身壓線0.2cm，脇邊處縫份不處理。

23 B4拉鍊口袋布2片正面相對夾車拉鍊兩側，頭尾擋布皆需收邊處理。

24 翻回正面壓線0.2cm。

 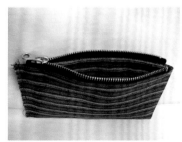 

25 表對表、裡對裡各自車縫袋底。

26 由脇邊翻回正面整燙，脇邊疏縫固定，即完成一個U型的拉鍊口袋。

27 F2與B2兩片側擋布正面相對車縫上下兩側。

28 由脇邊翻回正面上／下壓線0.5cm。

29 B3信用卡夾層布依山、谷線整燙。

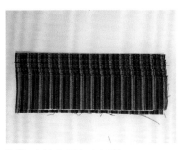

30 山線位置各自壓線0.2cm。

31 正面對折車縫23cm處縫份0.5cm。

32 由脇邊翻回正面整燙，並劃出中心線車縫固定為卡片分隔線。

33 依袋身紙型位置固定車縫底部0.2cm，兩側疏縫固定再將多餘的布料修剪。

34 將側擋布B2面朝上，車縫於裡袋身上方袋口下1.5cm處重疊1cm車縫0.2cm。

35 側擋布另一側車縫於裡袋身另一側。

36 側擋布倒向裡袋身壓線0.5cm。

37 側擋布中心點夾車拉鍊口袋，縫份0.5cm。

38 拉鍊口袋左側脇邊與裡袋身脇邊對齊。

39 裡袋身夾車拉鍊口袋。

40 完成裡袋身套入表袋身中，以藏針縫方式固定。

41 F3手腕帶布於4.5cm處兩側折入再對折為1.2cm左右，並以水溶性膠帶固定。

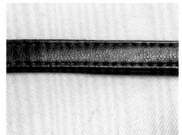

42 兩側壓線0.2cm。

43 套入1.5cm問號勾（如圖示），鉚釘固定。

44 完成。

No.23 貼身小品

完成尺寸：長13×高9.5×寬1.5

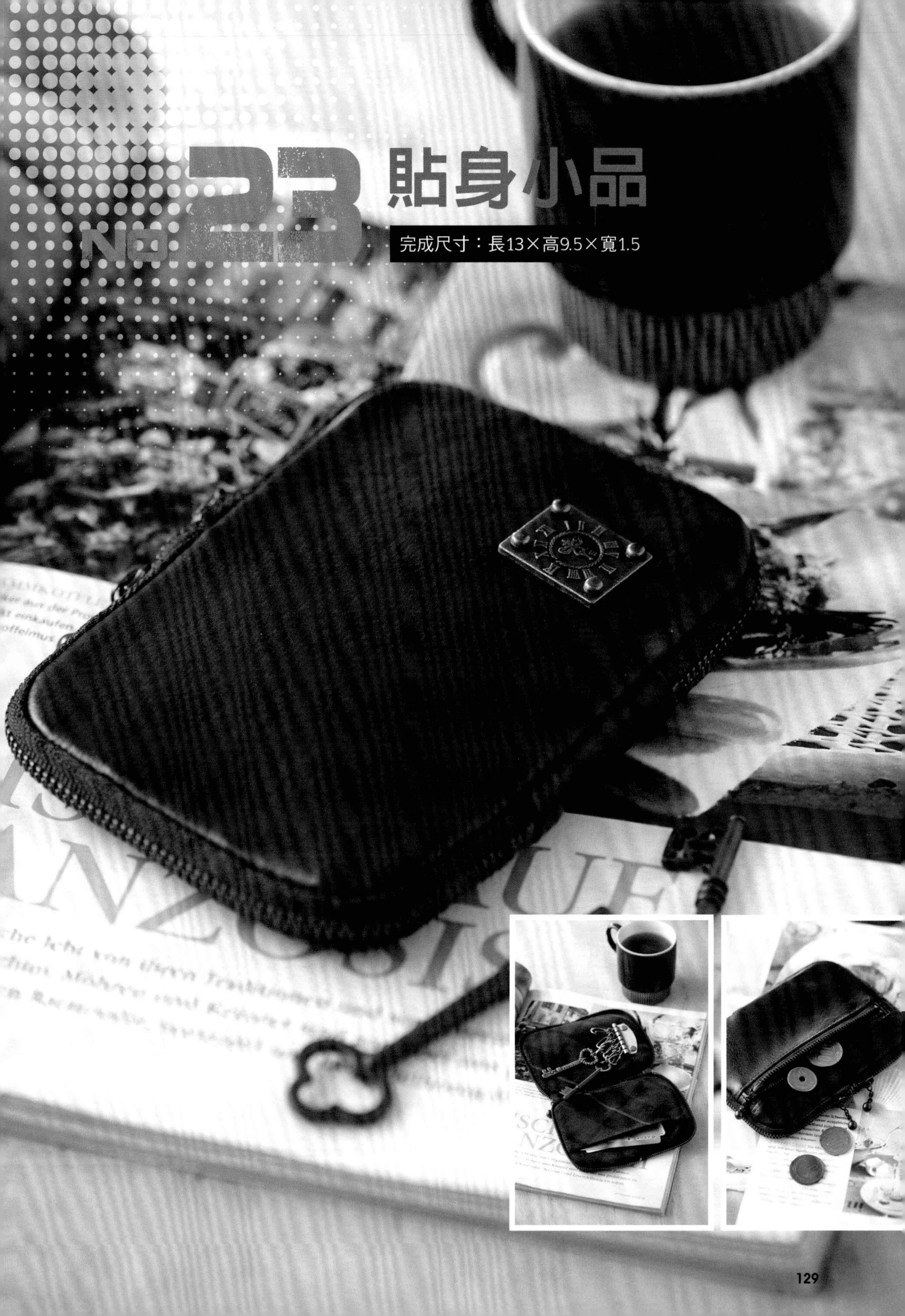

✂ 材料 Materials 紙型 D 面

用布量：皮革布1尺、裡布1尺

其他配件：20cm拉鍊2條（袋口）、12cm拉鍊1條（袋身）、硬襯1尺、
六串鉤鑰匙圈、鐵標1個、8×6鉚釘

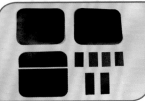

裁布（以下尺寸及紙型皆已含0.7cm縫份）

皮革布	F1 前上袋身	依紙型	1片
	F2 前下袋身	依紙型	1片
	F3 內擋布	依紙型	1片（硬襯不含縫份1片、厚布襯含縫份1片）
	F4 後袋身	依紙型	1片（硬襯不含縫份1片、厚布襯含縫份1片）
	F5 拉鍊下擋片	6×2.5	2片
	F6 拉鍊上擋片	2×2.5	4片

裡布	B1 前上袋身	依紙型	1片
	B2 前下袋身	依紙型	1片
	B3 裡袋身	依紙型	2片（硬襯不含縫份）
	B4 內口袋	依紙型折雙	1片

🧵 製作 How To Make

1 取F5拉鍊下擋片，夾車20cm拉鍊車縫，正面壓線0.2cm。同作法，完成另一條20cm拉鍊。

2 12cm拉鍊頭尾分別與F6拉鍊上擋片車縫，正面壓線0.2cm。

3 與F1前上袋身＋B1前上袋身正對正夾車。

4 正面壓線0.2cm。

5 F2前下袋身與B2前下袋身，同作法，夾車拉鍊下方。

6 正面壓線0.2cm。

7 與F3內擋布背對正，疏縫0.2cm一圈，將多餘的布料修剪。

8 將步驟1，頭對頭，手縫固定。

9 拉鍊中心與袋身中心相對，正對正，車縫0.5cm。

10 再與F4後袋身中心相對，車縫0.5cm。依圖示固定鐵標。

壓線0.5cm

11 B4內口袋折雙處對折，正面壓線0.5cm。

疏縫0.2cm

12 B4內口袋固定其中一片B3裡袋身，重疊處疏縫0.2cm。

13 B3裡袋身運用布用口紅膠，將縫份反折固定，完成另一片。

14 正面壓線0.2cm。

15 另一片裡袋身依圖示固定鑰匙圈。

16 圓弧處縫份修小，整圈捲針縫固定。

17 分別將裡袋身藏針縫於表袋身上固定。

18 完成。

製作前須知

1 本次示範機型：
「Bonnie CC-1851高速直線縫紉機」

2 作品尺寸說明：
不含提把高度，皆以公分（cm）為單位。

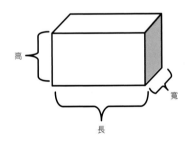

3 裁布尺寸說明：書內提供的紙型及尺寸皆已含0.7cm縫份，如有其他縫份請依裁布註解為主。
例：F1前袋身35×25，35為橫布紋、25為直布紋。

4 因作品裁片較為繁瑣，因此會將「裁片」以中文說明位置，並以「英文代號」加以註記，英文代號"F"為表布，"B"為裡布。

5 燙襯說明：
例1：F1前袋身依紙型1片（厚布襯）→為F1前袋身背面需燙滿厚布襯。
例2：F8袋蓋依紙型1片（厚布襯不含縫份）→

為袋蓋背面的厚布襯需去縫份。

6 車縫防水布及皮革布時，需換上皮革壓布腳，針趾可調整為3.0mm～3.5mm，亦可搭配「沙利康」塗抹於布料上，再進行車縫。

7 疏縫名詞說明：疏縫時縫份約0.3cm～0.5cm，針趾約3.0mm～5.0mm，為暫時性固定，但於接合後是不需拆除的。

8 魔鬼粘說明：

9 雙面鉚釘說明：
例：8×6鉚釘→（8）為面寬直徑8mm／（6）為鉚釘腳長6mm

部份縫1：滾邊折式口袋（依個人喜好製作不同大小的口袋）

1 口袋正面對折，落差0.5cm，燙出折痕線。

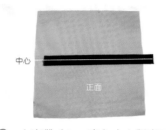

2 人字帶（2cm寬）中心對齊口袋正面折痕線。

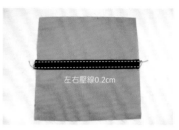

3 左右壓線0.2cm。

4 口袋對折，兩側車縫0.7cm。

5 翻回正面整燙。

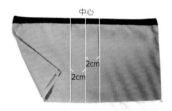

6 口袋布較長的為正面，劃出中心線及左右各2cm寬的直線。

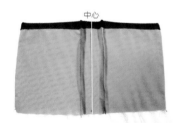

7 分別將左右邊的直線折山線，各別壓線0.2cm。

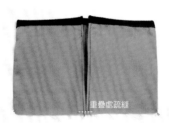

8 往中心熨燙，下方重疊處先行疏縫。

9 依作品製作說明位置擺放，正對正，車縫0.5cm。

10 往上翻整燙，車縫中心線。

11 兩側壓線0.2cm，下方壓線0.5cm固定，完成。

部份縫2：一字拉錬口袋（示範拉錬長度20cm）

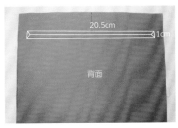

1 拉錬口袋布背面取中心下3cm，畫出20.5cm×1cm的長方形，如圖示。

2 與袋身中心相對，正對正，拉錬口袋布的第一條線對齊袋身固定線車縫，如圖示。

3 剪開中心Y字。

4 翻回正面，長邊處縫份燙開。

5 貼上拉錬，拉錬頭朝下。下方再貼上水溶性膠帶。

6 口袋布往上翻黏貼固定。

7 正面車縫拉錬下方0.2cm。

8 拉錬布往下翻整燙（小心拉錬齒）。

9 上方再黏貼水溶性膠帶。

10 口袋布往上折貼合，車縫兩側1cm。

11 正面車縫ㄇ字型0.2cm。

12 後方布料稍作修剪，完成。

⛬ 部份縫3：磁釦固定

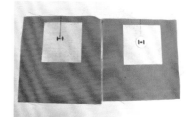

1 背面袋口下1～1.5cm，貼上 5cm×5cm大小的厚布襯。（視布料厚薄而定）

2 中心下2～3cm畫出磁釦位置。

3 與磁釦鐵片中心對齊，畫出兩側距離。

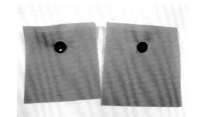

4 用錐子鑽洞。

5 置入磁釦。

6 背面套入鐵片，往內折，即完成。

⛬ 部份縫4：可調式背帶

1 一端織帶穿入日型環，再套入問號勾。

2 返折穿入日型環中楦，織帶折3cm，如圖示車縫固定。

3 另一端織帶套入問號勾，折3cm，如圖示車縫固定，完成。

4 也可依作品需求，織帶兩端是套入口型環的方式呈現。

部份縫5：貼式口袋

1 口袋對折，如圖示車縫，留返口約8～10cm（視口袋大小而定）。

留返口約8~10cm

2 下方角度縫份稍作修剪。

縫份修剪→

3 翻回正面整燙。

4 口袋固定袋身上，返口朝下，車縫ㄩ字型0.2cm。

0.2cm　0.2cm
0.2cm

5 依個人喜好做間隔壓線，完成。

部份縫6：網狀布內袋（示範拉鍊長度20cm）

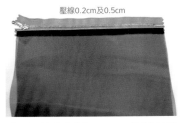

壓線0.2cm及0.5cm

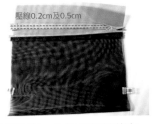

壓線0.2cm及0.5cm

1 拉鍊下方貼上水溶性膠帶。

2 網狀布內折0.5cm，覆蓋拉鍊下方，壓線0.2cm及0.5cm。

3 拉鍊反折，直接覆蓋網狀布，壓線0.2cm及0.5cm。（反折的深度依個人需求調整）

多出1.5cm

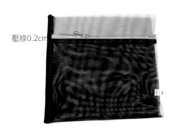

壓線0.2cm

4 人字帶置於脇邊下方，尾端多出1.5cm。

5 下方1.5cm人字帶先反折包覆，再反折長邊，正面壓線0.2cm。

6 同作法，製作另一側，即完成。

1 拉鍊口袋布背面畫出20.5cm×2cm的ㄩ字型。

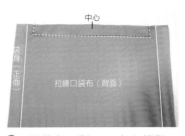

2 與袋身正對正，中心相對，布邊對齊，車縫ㄩ字型。

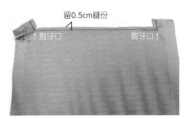

3 留0.5cm縫份，其餘修剪，並在兩端直角處剪牙口。

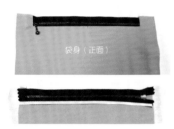

4 翻回正面整燙，與拉鍊下方貼合。拉鍊背面下方處貼上水溶性膠帶。

5 拉鍊口袋布往上翻黏貼固定。

6 正面車縫下方0.2cm，頭尾不回針。

7 口袋布向下翻回，稍作整燙（小心拉鍊齒）。拉鍊背面上方處，貼上水溶性膠帶。

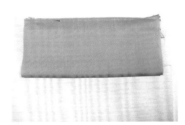

8 拉鍊布往上黏貼，與拉鍊對齊。

9 車縫口袋兩側1cm。

10 拉鍊兩端再各別車縫L型裝飾線。拉鍊正面上方貼上水溶性膠帶。

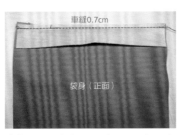

11 與上方布料正對正，中心相對，車縫0.7cm。

12 縫份倒向上，正面壓線0.2cm，即完成。

部份縫8：筆電擋布

1 口袋布背面依序燙上牛筋襯、單膠棉、洋裁襯。

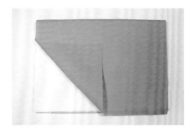

2 口袋布覆蓋熨燙。

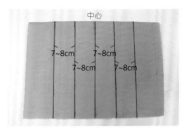

3 間隔7cm～8cm壓線固定，如圖示。

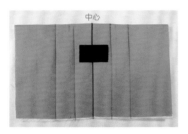

4 依作品位置說明，正面中心下車縫魔鬼粘毛面。

5 3.8cm織帶對折，包覆口袋上方，正面壓線0.2cm。

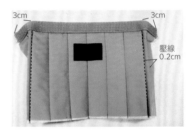

6 由外側往內3cm折山線，山線處壓線0.2cm固定，織帶不壓。

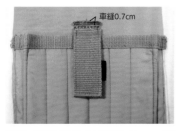

7 與袋身布邊對齊，中心相對，疏縫ㄩ字型固定。

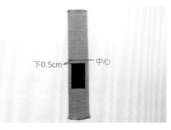

8 3.8cm織帶中心下0.5cm，車縫魔鬼粘刺面。

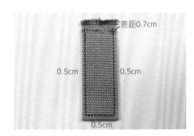

9 織帶差距0.7cm對折，車縫織帶ㄩ字型0.5cm。

10 置於袋身上車縫0.7cm，魔鬼粘朝下。

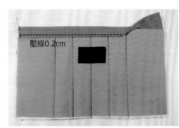

11 再往上折，壓線1cm。

12 完成。

部份縫9：包繩車縫（一圈）

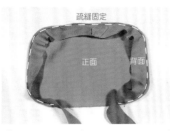

1 斜布條與袋身正對正，單面疏縫固定，頭尾各留5cm不車。

2 頭尾以斜布條的接合方式車縫。（同部份縫14）

3 再疏縫固定。

4 放入細棉繩，覆蓋斜布條疏縫，頭尾留5cm不車。

5 細棉繩兩端以手縫方式接合。

6 再覆蓋斜布條，疏縫固定，即完成。

部份縫10：三角側絆夾車織帶

1 側絆正面畫出中心線。

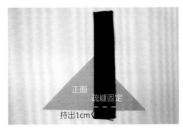

2 2.織帶置於中心線右側，下方持出1cm，疏縫固定。

3 對折，車縫下方0.7cm。

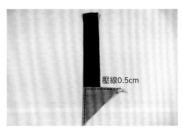

4 翻回正面整燙，如圖示壓線0.5cm。

5 將多餘的布料修剪，同作法完成另一片。

部份縫11：鬆緊口袋車縫（示範尺寸：寬15cm×長25cm／鬆緊帶10cm）

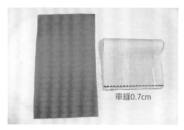

車縫0.7cm

1 布料正對正，對折車縫0.7cm。

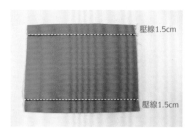

壓線1.5cm

壓線1.5cm

2 翻回正面，上下壓線1.5cm。

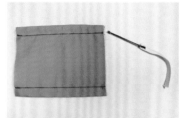

3 運用穿帶器，夾住鬆緊帶置入。

穿帶器　　　對齊疏縫

4 與布邊對齊，先疏縫固定。

疏縫固定

5 運用穿帶器，拉扯鬆緊帶，與另一端布邊對齊，疏縫固定。

6 同作法，完成下方鬆緊帶。（※備註：鬆緊帶長度可依各人需求及彈性上的不同而做調整）

部份縫12：後背帶鋪棉外包人字帶

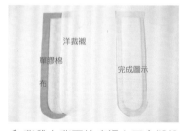

洋裁襯

單膠棉

布　　　完成圖示

1 背帶布背面依序燙上不含縫份的單膠棉與含縫份的洋裁襯。

疏縫U字型

2 背對背，疏縫U字型。

中心

3 背帶中心壓一道固定線。

4 人字帶利用熨斗對折熨燙。

正面壓線0.7cm

5 人字帶包覆外圍，正面壓線0.7cm，即完成。

🪡 部份縫13：包繩車縫（脇邊下2.5cm收法）

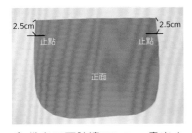

1 袋身正面脇邊下2.5cm畫出止點記號線。

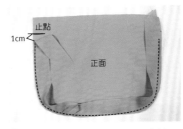

2 與斜布條正對正，記號線下1cm先疏縫固定。

3 放入細棉繩，覆蓋斜布條疏縫，包繩往脇邊拉出，向外斜放置於記號線上車縫，多餘布料做修剪。

4 另一端同作法，即完成。

🪡 部份縫14：斜布條接合

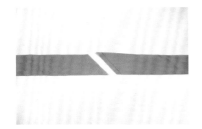

1 將斜布條擺放同角度。

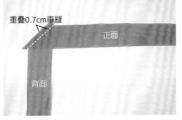

2 正對正，布邊對齊，重疊處車縫0.7cm。

3 縫份燙開，將多餘布料修剪，即完成。

NCC
縫紉世界第一品牌
New Creative Collection for LIFE

採集生活 新創意
New Creative Collection For Life

全方位品牌發展 | 行銷全球 | 創造更多縫紉的樂趣與價值

喜佳自有品牌NCC - 提倡新縫紉概念

讓更多喜好創新的朋友，能將生活的態度及想法，經由縫紉充分表達個人的巧思及創意~ 輕輕鬆鬆賦予生活全新的感動與滿足，這就是NCC品牌對縫紉生活的新創意！

縫紉手作 風雲機型

Bonnie CC-1851

縫紉~現代生活休閒樂趣，異質布料之搭配已廣泛運用到創作品上~
您還在尋求功能性極佳的高速直線機嗎？

NCC 品牌推出之CC-1851 Bonnie 將是您最佳選擇！
其優異效能能結合您專業縫紉技巧，讓您於縫紉上更得心應手~

新上市

高速直線縫紉機

功能特點介紹

· 超強穿透力，每分鐘轉速可達 1,600 針
· 工業車等級的上線張力調整鈕
· 專業大型腳踏板及切線踏板
· 自動穿線/自動切線裝置
· 垂直式全迴轉梭床
· LED 冷光燈照明
· 大型輔助桌

⊕ 臺灣喜佳股份有限公司
客服專線：0800-050855

喜佳縫紉精品 網址：http://www.cces.com.tw
Simple Sewing 縫紉館 網址：http://www.simplesewing.com.tw

歡迎下載
請掃描找我！

喜佳APP
給您最新、最快、最多的好康優惠訊息！

幸福手作集錦

精選Simple Sewing縫紉館最佳人氣作品推薦
豐富的內容保證讓您收穫滿滿!

簡單縫 紉輕鬆手作

手作愛好者最愛經典課程作品

全新發表 NEW EDITION 2013

Simple Sewing
熱情招生中

課程手作資料夾(附布書套材料包)

曼卡細褶裙

夏日普羅旺斯肩背袋

薇佳手作服

● 歡迎至全台Simple Sewing縫紉館、
各百貨專櫃及加盟店洽詢報名。

仙度瑞拉肩背袋

雙面抱毯

純真雙肩後背包

樂兒多層兩用包

公園散步2件組

直營各分店/櫃

台北南西新光三越百貨專櫃 電話: (02)2522-1072
地址: 台北市南京西路14號3樓

板橋大遠百專櫃 電話: (02)2956-0519
地址: 新北市板橋區新站路28號8樓

中和環球購物中心專櫃 電話: (02)2222-0836
地址: 新北市中和區中山路三段122號3樓

加盟店

三重飛翔手作店
電話: (02)2989-9967
地址: 新北市三重區過圳街7巷32號

蘆洲家家湘布工坊
電話: (02)2283-3526
地址: 新北市蘆洲區中正路156號

新莊夏揚店
電話: (02)2277-2799
地址: 新北市新莊區建中街35號

桃園小蕎森林
電話: (03)336-6988
地址: 桃園市新民街106號

新竹依維斯店
電話: (03)666-3739
地址: 新竹市東區新莊街40號

彰化哈波尼斯店
電話: (04)720-1476
地址: 彰化市中山路二段539號

高雄波力店
電話: (07)215-5836
地址: 高雄市前金區五福三路59號8樓

歡迎下載
請掃描我!

臺灣喜佳股份有限公司
客服專線: 0800-050855

喜佳縫紉精品 網址: http://www.cces.com.tw
Simple Sewing 縫紉館 網址: http://www.simplesewing.com.tw

喜佳APP
給您最新、最快、最多
的好康優惠訊息!

國家圖書館出版品預行編目（CIP）資料

機縫製造！型男專用手作包/古依立, 翁羚維著. -- 初版. --
新北市：飛天, 2014.11
　　面；　公分. --（玩布生活；14）
ISBN 978-986-91094-1-3（平裝）

1.手工藝　　2.手提袋

426.7　　　　　　　　　　　　　　103020082

玩布生活14

機縫製造！型男專用手作包

作　　　者／古依立&翁羚維
總 編 輯／彭文富
編　　　輯／張維文
攝　　　影／蕭維剛
美術設計／曾瓊慧
紙型繪圖排版／菩薩蠻數位文化有限公司

出版者／飛天出版社
地址／新北市中和區中山路二段530號6樓之1
電話／(02)2223-3531‧傳真／(02)2222-1270
臉書粉絲專頁／www.facebook.com/cottonlife.club
部落格／cottonlife.pixnet.net/blog
E-mail／cottonlife.service@gmail.com
■發行人／彭文富
■劃撥帳號／50141907　　　　■戶名／飛天出版社
■總經銷／時報文化出版企業股份有限公司
■倉庫／桃園縣龜山鄉萬壽路二段351號
■電話／(02)2306-6842
本版印刷／2016年8月
定價／380元
ISBN／978-986-91094-1-3

版權所有，翻印必究

◎本書如有缺頁、破損、裝訂錯誤，請寄回本公司更換　　　　Printed in Taiwan